翻轉學

翻轉學

TEAM
MANAGEMENT

思考法図鑑
ひらめきを生む問題解決・
アイデア発想のアプローチ60

PROJECT
MANAGEMENT

The Ultimate Collection of
Thinking Methods

GENERATING
IDEAS

把問題化繁為簡的
思考架構
圖鑑

INNOVATION

PROPOSAL

CAREER DESIGN

五大類思考力✕60款工具，
提升思辨、創意、商業、企畫、分析力，
讓解決問題效率事半功倍

AND股份有限公司 ————— 著　周若珍 ————— 譯

目錄

序章　**如何靈活運用思維** ·· 19

第 **1** 章　**提升思維的基礎能力** ·· 23

第4章 提升企畫推進力 119

好評推薦

「這本書很棒，是大腦思考的過程及產出圖解筆記的方法。」

—— Ada，筆記女王

「如果說現在的世界，是圍繞著『挑戰』來組織的，那這本書就是你面對『挑戰』的最佳寶典。它涵蓋了 5 大主題、共 60 種思維模型，讓你遇到的所有困難，都能迎刃而解。」

—— Allan，「簡報·初學者」創辦人、AbleSlide 內容總監

「分析與解決問題的能力是我認為產品經理最重要的能力之一，如果你不知道該怎麼提升這個能力，可以先嘗試使用其他人發展已久的框架，逐漸長出自己的一套方法，這是這本書能帶給你的價值。」

—— Evonne Tsai，資深產品經理

「在職場簡報時，讓人眼睛為之一亮的往往不是絢麗的技巧，而是講者對於複雜問題的釐清與關鍵洞察。培養這個能力現在無須土法煉鋼，這本書就像多功能的瑞士小刀，讓您可以快速地將專家思維模式套用在不同情境並組合運用。把問題化繁為簡的思考，會是您提升專業價值最好的投資！」

——林稚蓉，簡報培訓師

推薦序
用對思考，幫你度過景氣寒冬

——楊斯棓，方寸管顧首席顧問、醫師

小野義直和宮田匠的著作《解決問題的商業框架圖鑑》在日本大賣10萬冊，新作《把問題化繁為簡的思考架構圖鑑》同樣讓人引頸企盼。

此書出版一大緣由是：「明明是處理一樣的工作、面對一樣的課題，為什麼有些人想法與眾不同？關鍵就在提高思考的品質，就能提升解決問題的效益。」

遇到問題時，很多人把力氣花在抱怨，而非面對解決。

過年前家人住院，我因此觀察到很多醫院排班計程車駕駛的行為。

醫院門口設有計程車招呼站，旁邊的綠園道無論你隸屬車隊與否都可以排班。病患或家屬通常第一個選擇就是走到招呼站，搭上依序而來的計程車，另一個選擇是叫55688或Uber。

很多司機在無客可載時總會在路邊抽菸、抱怨甚至打牌，不自覺把自己貼上「艱苦人」的標籤，總是在怪油價、怪政府、怪乘客，就是不思考自己可以做出什麼改變，把自己打造成一位「乘客下次想要指定你」的司機。

本書第三章〈提升商業思考力〉中的「價值提供思維」段落，請人思考：你的顧客、你提供的事物、你給顧客的價值為何？

一般駕駛如果作答，可能覺得顧客不就是剛好上車那個人，有什麼差別？

我不就提供一台車還有什麼？

我的價值就是從這裡載到那裡，不就這樣？

我們先探討顧客。試問：在醫院門口搭車的乘客跟在高鐵搭車的乘

客需求一樣嗎？

在醫院很有機會載到出院病人，行李大包小包，坐輪椅的病人也不在少數，另外一大族群就是動作緩慢的老年重聽病人，司機有沒有調適好自己的心態來面對這些乘客，服務品質就差很多。譬如遇到重聽的老人家，因應方式應該是趨前，而非放大自己的聲量，讓不知情的旁人以為在吵架。

再講事物，以駕駛來說就是車子本身。

後車廂有沒有塞滿個人物品，導致讓乘客的出院行李或輪椅放不下，就是一個很簡單但很多人不重視的問題。一位司機把自己的後車廂保持零雜物、放上保護墊，甚至是一些固定架（得以安置行李、輪椅）才是展現專業。若閒置愈多個人物品，其實表示自己愈不看重自己的駕駛專業。

再談價值。書上說：「思考價值，可說是思考能助人、令人開心、或是替人減低痛苦的方法。」也就是說，駕駛的角色遠遠不是從 A 地載到 B 地而已，最理想的狀態是：他把自己定位為乘客可以信任的家人。讓其他家人想到他時的形象是：「幫我們把家中生病的人，從醫院安心的載回家。」如果上述幾句話是某一個車隊的 slogan，他們的服務品質也的確如此，你說他們在計程車業界會不會異軍突起？

如果您是餐廳經營者，一樣可以思考您的顧客、您端出的菜色、您提供的價值，究竟跟其他餐廳差別在哪？如果您是補習班業者或診所經營者亦然。

許多人跟風喊著：「沒有不景氣，只有不爭氣。」

其實，景氣確實會循環，大環境總有不景氣的時候。但當我們經常拆解問題，思考問題的核心，予以因應，我們就是各行各業能含水過冬的倖存者。

推薦序
解決複雜問題的能力，從培養思考開始
—— 邱彥錡，SparkLabs Taipei 共同創辦人暨管理合夥人

　　商業環境愈來愈多元，從原本實體見面交涉到因為數位軟體發展迅速而產生的虛擬實境等科技讓會議更有效率，而問題也從單一演變成複雜多變因。「世界經濟論壇」（World Economic Forum）未來十大技能在 2015 年與 2020 年第一項都是「複雜問題的解決能力」（Complex Problem Solving），許多人面對到未知的複雜問題，是沒有能力與導師能快速請教學習，但若無法及時回應處理，企業將失去競爭力。企業經營者將更珍惜也更重視核心成員對複雜問題的解決能力。

　　閱讀這本書讓我回想到先前在知名外商擔任企管顧問的時光，企業主在面對到問題時，會尋求管理顧問公司的協助，而管顧公司扮演的角色正是將業主面臨的問題透過「定義問題」、「解構問題」、「排序並設立假設」、「分析議題」、「彙整可能解決方案」等，管理顧問能夠協助處理專案，但長期而言企業經營者若能具備這些能力，在管理與執行上都將獲得絕對的成效，這也能說明為何許多大集團都樂意聘僱具管理顧問背景的人才擔任專業經理人。

　　而我目前所管理的 SparkLabs Taipei 創投加速器主要協助台灣新創進入國際市場，我們這幾年來觀察，表現傑出的創業家全都具備「高效解決問題」的能力。創業家鎖定的新市場因為許多無跡可尋，需要透過使用者訪談、最小可行性商品建立（MVP, Minimum Viable Product）、建立產品與市場的完美契合（PMF, Product-Market Fit），因為問題未知，問題都需要在時限內被解決，在管理顧問公司較無法協助的情況下，考驗著創業家本身過去工作經驗與相關投資人的輔導。

　　《把問題化繁為簡的思考架構圖鑑》所提供的正是為了企業高階經營者與創業家所設計的一本寶典，是工具書更是實力培養練習的養成書，例如第 2 章，所提到的「腦力激盪法」與第 5 章的「KJ 法」正是我們最常使用來做問題根因分析甚至是年度目標制定的慣用手法。而第 3 章的商業思考力對高階主管或業務負責人來說，是思考制訂商業策略與商務模式的最佳工具。我推薦給初入社會的新鮮人，儘早培養批判性思考、培養複雜問題解決能力，必能在事業上嶄露頭角，拔得頭籌。

推薦序

解決問題的關鍵，是思考問題的核心

——鋼鐵 V，個人品牌經營家

到底為什麼要看這麼多思考架構？有用嗎？簡報實驗室創辦人孫治華老師曾分享：「鍛鍊對於未知解決能力和想像力。透過將每個步驟寫出來後，進一步找出搜尋關鍵字。有時候與競爭者差別就在於有沒有做事情的條理，以及排列先後順序是否正確。」幾句話點出了建立思考架構重要性。

本書主要是幫助大家提升解決問題的能力、建立思考能力等。有了框架之後如何使用才是重點，因此本書在每個思維架構後又提出了思考方式，讓大家有更多反思跟練習的機會。有框架的人勝於有模糊的概念，而有順序的人又更勝於只有框架的人。很多時候我們遇到問題都是未知，那就會卡關很久，但如果有清楚的步驟、建立清楚處理「未知」問題框架，就能針對問「對的問題」且「清晰思考」，將幫助大家大幅增加有質量的資料，成功達到最後的目標。

當然，這樣的書容易被大家當作「工具書」來使用，讀完之後沒有創造，反而得不出其價值所在，所以建議大家開始閱讀這本書前，不妨先列出自己工作、職場所遇到的挑戰，或者設想一個具體的情境，如：會議中、行銷提案發想簡報自己的新產品給老闆和開發新市場，將事情問題化，才有機會透過框架一一拆解，才更理解本書的使用方法。

舉書中一小篇章為例，很多人缺乏解決問題的能力，常常不得其門而入，到底如何訓練這項能力呢？其實真正通往「解決問題」的通道並不是只有糾結眼中看到的問題，而是要思考這問題背後要探討什麼議題，所謂「真正的問題」和「重要的議題」。其中最應該放在心中的基本問題，就是「為什麼」和「怎麼做」。

假設問題：

1. 如果透過個人品牌來創造商業模式，則會選擇哪種商品？

2. 2019 新型冠狀病毒肺炎（COVID-19）病情嚴重，對於哪些產業產生正、反效應？

3. 如果要提高網路上產品的業績？

相信很多人一看到這些問題就矇了，到底從哪個地方著手呢？思考解決問題的方法或商業方面構想，反覆問問看自己「為什麼」和「怎麼做」，再來把自己所想到的要點都列點在便利貼上面，再來刪除不需要的訊息，重新排列順序，將能有效率的明朗問題，產生具體行動。

解決問題框架：定調問題所在的領域→整理議題，並解將之結構化→蒐集所需的資料→提出假設→思考策略→提出可行方案

最後總結，書中思考架構圖鑑的應用 3 層次：

1. 掌握自己的思維型態：倘若無法切確掌握自己想法時，變不知道如何從中改變再進化。

2. 擴展自己的思維：利用不同方式解題，可以利用不同思考架構，改變順序，或者提升效率等。

3. 將自己的思維化為理論：將自己想法轉換成一種理論或者自創架構，將能把這些學習的架構內化，再創造成自己能使用的工具。

不管哪種情況發生，都必須要根據事實採取應對策略。換句話說，最重要的是：對於未知的狀況和沒有標準答案的問題，我們學習如何「綜合各項事實與資料，透過架構輔助。找出自己的答案（解法）」，幫助大家學會用系統化且正確的邏輯思維，找出核心問題，讓解決問題的效率事半功倍！

推薦序

方向錯了，方法再正確也到不了終點

——劉奕酉，職人簡報與商業思維專家

「如果我有 1 小時拯救世界，我會花 55 分鐘去確認問題為何，只以 5 分鐘尋找解決方案。」愛因斯坦的這一句名言，相信不少人都聽過。

雖然我們不用拯救世界，但在解決生活與工作中的問題時，要有同樣的思維；先把問題搞清楚了，往往解決問題就簡單多了。越急著想解決問題，有時反而製造出更大的問題。

但是，困難之處就在於思考問題不是件簡單的事。解決問題尚有方法或案例可以套用或參考，但是思考問題必須從問題本身出發，往往沒有標準流程可以依循。

所以在商業場景中，我們常藉助一些思考架構來幫助我們思考問題，站在巨人的肩膀上來提升思考到產出的速度與品質，讓我們更有餘力去面對問題解決過程中的不確定性。

特別是書中提及的提升邏輯、創意與商業思考力的多種思維，大多都是我在企業進行「邏輯思考的技術」培訓時常使用到的工具，作者將這些工具以一頁式內容深入淺出的說明，更顯得其專業與用心。

如果說前作《解決問題的商業框架圖鑑》是告訴我們如何「把事做對」，提升解決問題的效率；那麼這本《把問題化繁為簡的思考架構圖鑑》就是讓我們思考如何「做對的事」，提升解決問題的效能。

在「做對的事」這個前提下，再「把事做對」才有價值。

書中收錄了多達 60 種思考架構，絕對值得職場工作者收藏一本作為思考的輔助工具書，提升職涯躍升的競爭力。

前言

解決問題之前，要先想對方向

即使有一樣的所見所聞，每個人對事情的想法也不盡相同。當遇到瓶頸時，有人會用出人意表的方法突破困境，有人會用難以想像的獨特點子來改變現狀。各位的身邊，是不是也有這種能刺激我們的思考、即使意見與我們相左，最後仍能奇妙地與大家達成共識的人呢？

這些人究竟是如何看待與理解事物，又是如何進行思考的呢？是否提升思考的品質，就能提高解決問題的效率？為了回答這個問題，本書《把問題化繁為簡的思考架構圖鑑》將介紹前人留下的 60 種思維，提供在思考時能派上用場的觀點。

本書除了邏輯性思維、批判性思維等基本思維之外，更廣泛收錄各種適用於商務場合的思維，幫助各位激發創意、規畫事業、擬定策略、學習或分析。思考是一種無形的行為，乍看之下似乎很深奧，但其實我們無時無刻都在思考，只是自己沒有察覺。換言之，每個人的思維都擁有成長的潛力。希望各位能找出專屬自己的方法，活用本書所提供的素材，具體掌握自己的想法，發揮所長。

本書的主要目的雖是提升解決問題的效率，但我同時也抱著純粹想與各位分享的心情，傳達思考的樂趣及耐人尋味之處。往前跨出一步之後，眼前的世界將充滿獲得新知的喜悅；而與各位共享這份喜悅，正是促使我撰寫本書的原動力。本書是為了願意正視問題、不放棄思考的人而寫，若能使各位體會原來思考比想像中還要快樂，並願意比以往更積極思考，提升各位面對「思考」這件事的層次，那將是我最大的喜悅。

本書的使用方法

　　本書逐一解說適用於各種商務場合的思考架構（或稱思考法、思維法），並將應用場景分類如下；不過，各思維的使用方法並非只有一種，請配合自己的狀況加以靈活運用。此外，本書將所有的思考架構製成範本，方便各位即刻實踐（範本的下載方法請參考以下說明）。

第1章 　提升思維的基礎能力（10 款思維）
第2章 　提升創意發想能力（12 款思維）
第3章 　提升商業思考力（12 款思維）
第4章 　提升專案執行力（13 款思維）
第5章 　提升分析能力（13 款思維）

● **獨享附錄**

　　本書中所介紹的所有思維，皆提供 PowerPoint 範本。除了可直接在電腦或平板上使用，也可列印成紙本，與團隊成員一邊討論、一邊手寫填入。附錄請至下列網址下載：https://reurl.cc/M7pnWp

《把問題化繁為簡的思考架構圖鑑》
PowerPoint 空白表格下載 QRcode

頁面介紹

　　本書有兩種頁面，一種是「介紹思維的使用方法與填寫範例」，另一種是「練習」。「練習」頁會挑出幾種思維以介紹更多範例。本書也準備了「練習」的範本，請配合自身狀況運用。

思維解說頁

運用範例：
本書所有思維都有提供運用範例，首先請透過範例掌握輪廓。

基本概要：
說明該思維的概要。

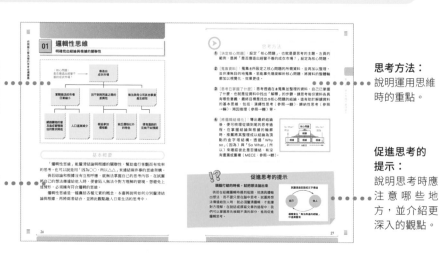

思考方法：
說明運用思維時的重點。

促進思考的提示：
說明思考時應注意哪些地方，並介紹更深入的觀點。

練習頁

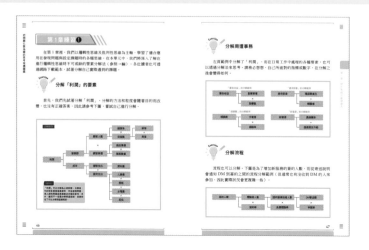

序章

如何靈活運用思維

如何靈活運用思維

　　在逐一說明各個具體的思維之前，先介紹一些有利於吸收思維的觀點。在吸收新事物時，若能先擁有明確的目標，應該會比毫無概念地學習要來得有成效，因此建議各位花些時間思考：讀這本書是為了做什麼？為了達到這個目標，應該抱持怎樣的觀點來讀？

何謂思維

　　首先，本書將「思維」定義為「為了導出解決問題所需的結論，而加以系統化的思考過程及方法」。本書的目的，是提升讀者對思維的理解，提供使想法更豐富的素材。

　　本書介紹的 60 種思維可運用於解決問題或工作上，在各位試圖掌握思考對象、核心問題、創意思考過程或立場時，為各位帶來一些提示。在閱讀本書時，請寫下你目前面臨的課題或煩惱，時時問自己「該如何提升思考能力，加速解決問題」。

掌握 3 種重要觀點，讓思維融會貫通

　　為了釐清每一種思維並融會貫通，我們應該抱持三個觀點：「這是什麼樣的思維」（What）、「這種思維是為了什麼存在」（Why）以及「該如何運用這種思維」（How）。

　　將上述三種觀點拆解成如右圖的要素，並融入各種思維的解說中。在使用本書時，比起只將內容輸入和輸出，若能留意上述項目，一邊思考，一邊逐一確認是否真正理解，則更容易吸收。

反覆問自己「為什麼」、「怎麼做」

在為了解決問題而進行思考時，必須提出各種疑問。本書接下來也會介紹各種疑問與觀點；其中最應該時時放在心裡的基本問題，就是「為什麼」和「怎麼做」。

「為什麼」類型的問題，適用於想找出目標或意義。例如，假設我們想提升澀谷區的觀光人潮，就必須思考「人為什麼要觀光？」「為什麼想增加澀谷區的觀光客？」等「根本」的問題。

而「怎麼做」類型的問題，則適用於想找出解決方案或方法論時。例如，「如何讓外國觀光客認識澀谷？」「如何讓觀光客在造訪澀谷後留下難忘的回憶？」等。

在思考解決問題的方法或商業方面的構想時，只要反覆問自己上述兩個問題，便能將目的與具體行動加以串連。究竟該思考什麼？思考的意義是什麼？將想法化為行動，該怎麼做才好？就讓我們一起不斷對自己拋出疑問，深化思考。

思考與行動相輔相成

本書是一本解說各種思維、推廣思考的書籍，但並非主張思考比行動重要。思考與行動就像車子的兩個輪子，應該互相協助提升彼此的品質。本書的基本概念，正是「思考與行動並不是相對的；同時提升兩者的能力，是培養解決問題能力的關鍵」。本書在此前提之下，介紹各種能提高思考品質的元素。

換言之，假如讀者僅單純透過本書獲得知識，便稱不上充分運用本書；重要的是必須隨時思考「如何」將獲得的知識付諸行動。因此，建議各位在閱讀本書時，在腦中設想一個具體的實際情境，例如：會議、檢討、激發創意、製作企畫書、提案、設定研究項目等，同時思索：「如果將這個思維應用在那個情境裡，會怎麼樣呢？」下次遇見相同情境時，請毫不猶豫地實踐看看。

思考架構的應用層次

接下來就要進入各種思維的介紹了；在閱讀時，若各位能將下列三種階段放在腦中，相信一定會更有幫助。

＜思考架構的應用層次＞
Level 1 掌握自己的思維型態
Level 2 擴展自己的思維
Level 3 將自己的思維化為理論

Level 1 掌握自己的思維型態

在這個階段，我們要理解自己的思維型態、習慣與特徵。請隨時意識到自己的想法是否接近所讀到的思維？或是從來不曾有過類似的思維？這個階段之所以重要，是因為倘若沒有確切掌握自己現有的思維，便難以得知應該改變什麼。首先，請先挑戰把「無意識」化為「有意識」。

Level 2 擴展自己的思維

掌握自己的思維特徵之後，請吸收以往從未接觸過的思維方法，擴展自己的思維。這並非一朝一夕可以改變的，因此請不斷複習，有耐心地進化自己的思維。在這個階段，可以試著在實際場景中實踐自己覺得不錯的重點。

Level 3 將自己的思維化為理論

第三個階段，請各位挑戰將自己的思維化為理論。也就是統整透過自身的思維方法獲得成功的例子，化為一個知識結晶。只要能將立場從「閱讀」思考架構轉換為「創造」思維，便能明白前人想要表達些什麼。盼望你能積極運用本書，將本書升級成「專屬於你的書」。

第 1 章

提升思維的基礎能力

提升思維的基礎能力

　　第 1 章將介紹解決問題時最基本的思維架構。邏輯性思維、批判性思維等，皆適用於任何狀況的重要思維，也是第 2 章之後各種思維的基礎。現在就讓我們先強化基礎能力，為接下來的思考做好準備吧。

邏輯性思維是一切思維的基礎

　　有邏輯地思考，是在工作上不可或缺的能力。簡而言之，就是把「主張和根據」、「原因和結果」、「目的和手段」連在一起思考，導出「因為○○，所以△△」的結論。這時需要的，是拋開主觀想法，以客觀的角度來看待事物，並有效率地拓展思考的能力。本書並非主張不需要主觀或感情，但邏輯性思維是運用它們時不可或缺的基礎。此外，在第 2 章會提到促進創造性思維的方法，為了實現腦中天馬行空的想法，也必須擁有邏輯性的思維能力。

　　在提升邏輯性思維時，最應該矚目的就是「演繹性思維」、「歸納性思維」和「溯因推理」等推論性的思維架構。演繹和歸納在簡報、寫作相關書籍裡也經常出現，因此你對這兩個詞彙也許不陌生。但即使知道演繹和歸納等字眼，大部分的人應該也很難解釋其意義。理解演繹和歸納的差異，除了能學會具有邏輯的思考方法，更能體會思考的樂趣。

一有想法就寫下來

　　當思考進行到某種程度後，請不要只在腦中想，而應該將它輸出，想辦法獲得客觀的評價。輸出的方法不拘，可以用說的、進行簡報，或是寫在部落格上。當想法還在腦中時，我們可能自以為已經完全掌握了；然而一旦試圖將它傳達給別人，往往就會出現別人無法理解的地方。相信各位會發現，這些別人無法理解的地方，其實正是缺乏邏輯性思維的部分。請打造一個讓別人願意踴躍提供評價的情境，請旁人從各種不同的角度檢視

自己的想法，便能提升思維的能力和韌性。

問題是「理想」與「現實」的落差

第 1 章將以邏輯性思維與批判性思維為主軸，目標是明確掌握當下的問題或課題。因此，首先我們必須定義何謂「問題」。

本書將「問題」定義為「理想與現實之間的落差」。例如，理想狀況是「能兼顧育兒與工作的公司」，卻「每天都必須加班」，那「每天加班」的狀況，就是現實與理想的「落差」，也就是「問題」所在。從發現問題到設定課題的大致流程如下圖所示。

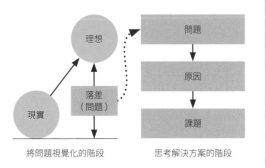

從發現問題到設定課題的流程

比較理想與現實，將問題視覺化，正是發現問題的第一步。為了分析該問題的成因並排除（解決問題）而採取的行動，便是課題。最後必須思考具體的行動，作為解決方案。

理想

現實

落差
（問題）

問題

原因

課題

將問題視覺化的階段　　思考解決方案的階段

假設「每天加班」是問題，則可推測出原因可能包括「工作效率太差」、「業務負責人之間溝通不良」等。為了排除這些原因，可先設定「檢討業務流程」、「建立業務進度共享制度」等課題，再思考可實現上述目標的具體行動，並付諸實踐。

思考解決方案所需的創意，請參考第 2 章；商務方面的創意，請參考第 3 章；組織內部的問題與課題，請參考第 4 章；有助更進一步釐清思維的分析能力，請參考第 5 章。讓我們學會根據不同場景來掌握解決問題的視角。

01 邏輯性思維
明確找出結論與根據的關聯性

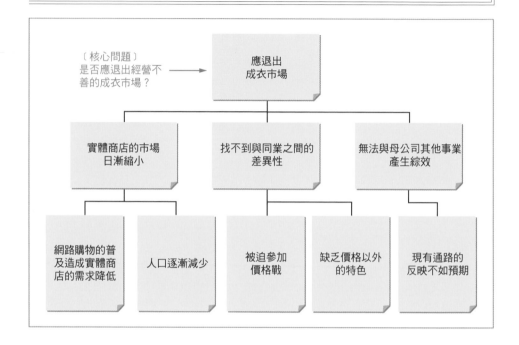

〔核心問題〕
是否應退出經營不善的成衣市場？

應退出
成衣市場

實體商店的市場
日漸縮小

找不到與同業之間的
差異性

無法與母公司其他事業
產生綜效

網路購物的普
及造成實體商
店的需求降低

人口逐漸減少

被迫參加
價格戰

缺乏價格以外
的特色

現有通路的
反映不如預期

基本概要

　　「邏輯性思維」能釐清結論與根據的關聯性，幫助進行客觀而有效率的思考。也可以說是用「因為○○，所以△△」來連結兩件事的思維架構。

　　倘若結論和根據沒有互相呼應，就無法掌握自己的思考內容，在試圖將自己的想法傳達給他人時，便會陷入無法令對方理解的窘境。想避免上述情形，必須擁有符合邏輯的思維。

　　邏輯性思維是一種囊括各種元素的概念，本書將說明如何分別釐清結論與根據，再將兩者結合，並將此觀點融入日常生活的思考中。

思考方法

❶ [決定核心問題]：設定「核心問題」，也就是要思考的主題。左頁的範例，是將「是否應退出經營不善的成衣市場？」設定為核心問題。

❷ [蒐集資料]：蒐集❶所設定之核心問題的所需資料，並再加以整理。並非漫無目的地蒐集，若能事先適度解析核心問題、將資料的整體輪廓加以視覺化，效果更佳。

❸ [思考已掌握了什麼]：思考透過在❷蒐集並整理的資料，自己已掌握了什麼，也就是從資料中找出「解釋」的步驟。請思考每份資料各具有哪些意義，最終目標是找出❶核心問題的結論。這有助於解讀資料的基本思維，包括：演繹性思考（參照→ **03** ）、歸納性思考（參照→ **04** ）、溯因推理（參照→ **05** ）等。

❹ [將邏輯結構化]：導出最終結論後，便可梳理從頭到尾的思考過程。在掌握結論與根據的輪廓時，推薦將其整理成以結論為頂點的金字塔結構。透過「Why so」（因為）與「So What」（所以）來確認彼此是否連結、有沒有遺漏或重複（MECE：參照→ **07** ）。

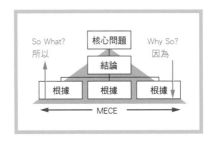

促進思考的提示

頭腦打結的時候，就把想法拋出來

倘若在組織邏輯時遇到瓶頸，就請具體輸出想法，而不要只是在腦中思考。試圖將想法傳達給別人時，就必須釐清邏輯，才能讓對方理解。在說話或撰寫文章的過程中，我們可以掌握原先模糊不清的部分，進而促進邏輯思考。

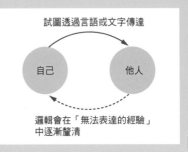

02 批判性思維

透過懷疑邏輯的正確性，來提高思維的準確度

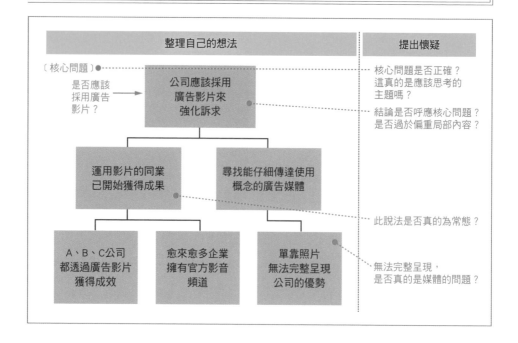

整理自己的想法	提出懷疑

〔核心問題〕

是否應該採用廣告影片？ → 公司應該採用廣告影片來強化訴求

核心問題是否正確？這真的是應該思考的主題嗎？

結論是否呼應核心問題？是否過於偏重局部內容？

運用影片的同業已開始獲得成果

尋找能仔細傳達使用概念的廣告媒體

此說法是否真的為常態？

A、B、C公司都透過廣告影片獲得成效

愈來愈多企業擁有官方影音頻道

單靠照片無法完整呈現公司的優勢

無法完整呈現，是否真的是媒體的問題？

基本概要

「批判性思維」是一種抱著健全的批判精神，有邏輯地思考事情的思維。上述的邏輯性思維是一種能釐清「結論」與「根據」，在解決問題時必備的思考方法。萬一前提設定或解釋有誤，效果便無法發揮。假設最根本的問題設定就是錯的，那再怎麼以邏輯思考，也無法採取正確的行動。

批判性思維正是可以彌補上述邏輯性思維缺失的思維，透過客觀且富批判性的觀點，來思考前提是否正確、結論與前提是否互相呼應等。另外，這裡所謂的「批判」絕非一味否定的負面行為，而是兼顧更多面向、更有建設性地思考事物的積極態度。

思考方法

❶ [建立邏輯]：依照前述邏輯性思維的步驟建立邏輯，也就是決定核心問題、蒐集資料，再思考從資料中掌握了什麼，針對核心問題做出結論。

❷ [質疑核心問題]：用批判性的角度來思考❶建立的邏輯。所謂批判，就是抱著懷疑的態度質疑其正確性。倘若一開始設定的核心問題錯誤，那麼不論如何建構邏輯都沒有意義。透過質疑核心問題，便能確認我們正準備著手思考的事物是否正確。

❸ [質疑結論與根據的連結]：質疑結論與根據是否以「Why so」（因為）與「So What」（所以）互相連結（邏輯是否有跳躍的情形），以確認正確性。

❹ [質疑前提]：質疑位於結論與根據之間的前提。前提的正確性有時會因狀況而改變，因此請確認它是否可以擺在目前的狀況或條件下。如上所述，透過多元的觀點來檢視自己的想法，便能彌補特定邏輯的矛盾或漏洞；這就是批判性思考的特色。培養能隨時保持懷疑、不怕接受質疑的強健思考體質，是相當重要的。

補充 請留意思考的偏見（bias）
人的思考往往是偏頗的，總是不自覺地只相信支持自己意見的資訊，或輕忽出乎意料的問題，這就是所謂的「偏見」。為了避免偏頗的思考影響邏輯，我們必須站在客觀的角度質疑自己。

幫助促進思考的提示

建議採用「單人辯論」

最推薦用來鍛鍊邏輯性思維與批判性思維的方法，就是「單人辯論」。針對某個問題，先想出一個意見，再想出一個反駁的意見，接著再想出一個推翻上述反駁意見的意見⋯⋯只要不斷重複上述步驟，就能客觀且多面向地掌握一件事，更加鞏固邏輯。

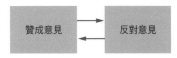

問題（主題）

銷售量一旦停滯，就應該推出新產品

贊成意見 ⇄ 反對意見

透過意見的衝撞，提昇思維的準確度

03 演繹性思維

以普遍性的大前提為基礎,再導出結論

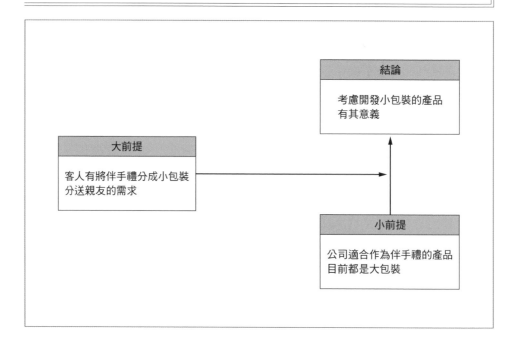

結論

考慮開發小包裝的產品
有其意義

大前提

客人有將伴手禮分成小包裝
分送親友的需求

小前提

公司適合作為伴手禮的產品
目前都是大包裝

基本概要

　　所謂「演繹性思維」,就是透過一般的規則或理論等「大前提」,替實際所見所聞的事物(現象)導出結論的思考方式。例如,假設「世上所有物體都會往下墜」的一般原理是大前提,而「蘋果是一種物體」是小前提(事實),便能導出「蘋果會往下墜」的結論。這就是演繹性思維的邏輯推演。

　　演繹性思維是一種推論(請參照下頁),在實踐邏輯性思維時不可或缺。

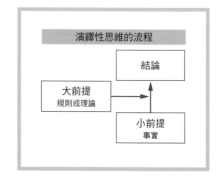

演繹性思維的流程

結論

大前提
規則或理論

小前提
事實

思考方法

補充 **何謂推論**

想理解演繹性思考架構，就必須先掌握「推論」的概念。所謂推論，就是從已知資訊推導出未知結論的邏輯性思考過程。推論是「前提」和「結論」組成；前提是事前得知的資訊或知識，結論則是以前提為基礎所下的判斷。上述概念經常使用於設定問題或構思解決方案時，是邏輯性思維的基礎。典型的推論方法論包括演繹性思維（演繹法）、歸納性思維（歸納法）（參照→**04**）、溯因推理（參照→**05**）等方法。

1 [掌握大前提]：挑出能作為演繹性思維大前提的資訊。社會普遍認為正確的理論、規則、學說等，都能用於大前提。

2 [掌握小前提]：觀察具體的事物，蒐集能作為小前提的資訊。小前提可能是特地蒐集的資訊，也可能是日常生活中累積的資料。

3 [導出結論]：找出大前提與小前提的關聯性，導出結論。演繹性思維最大的特色，就是在大前提之下導出一個必然的結論，論證能力極強。然而另一方面，由於太過依賴大前提，因此一旦前提站不住腳，結論也會隨之瓦解，這點請特別注意。請務必確認大前提的選擇是否適切、大前提本身是否正確。

促進思考的提示

從整體到局部、從大眾到個別的邏輯推導

只要想像具有從屬關係的集合概念，便能輕鬆掌握演繹性思維的輪廓。「只要整體是正確的，那麼整體中的一部分也必然正確」這便是演繹思維的邏輯推導。相對地，以實際觀察到的部分集合作為範例，進而思考整體的樣貌，則是下一章介紹的歸納性思維。

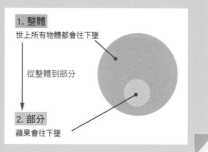

1. 整體
世上所有物體都會往下墜

從整體到部分

2. 部分
蘋果會往下墜

04 歸納性思維

整理共通點,推導出普遍性原則

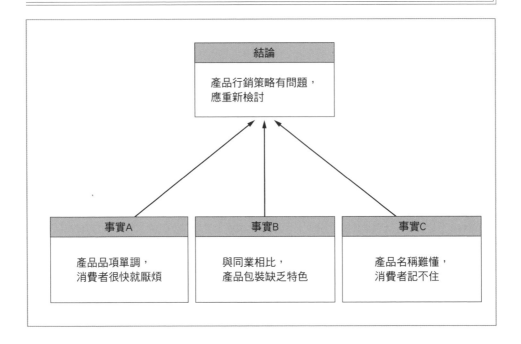

結論

產品行銷策略有問題,
應重新檢討

事實A	事實B	事實C
產品品項單調, 消費者很快就厭煩	與同業相比, 產品包裝缺乏特色	產品名稱難懂, 消費者記不住

基本概要

「歸納性思維」是從幾個具體事物(事實)中找出共通點,再歸納出一個普遍性原則作為結論的思維。歸納性思維的思考流程與演繹性思維正好相反。

歸納性思維需要豐富的想像力、知識與經驗,才知道該如何從事實中找出共通點,並推導出結論。儘管有些難度,但也正因如此,才能激發各種創意。

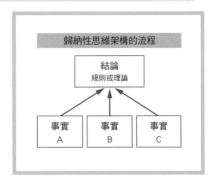

歸納性思維架構的流程

結論
規則或理論

事實A　事實B　事實C

思考方法

① [蒐集範例]：觀察具體事物（事實）並蒐集資訊。歸納性思維是一種統計的概念，因此原則上蒐集到的範例愈多，所推導出的結論有效度就會愈高。

② [找出一般性並推導出結論]：從蒐集來的資料中找出共通點。在歸納性思維中，這個共通點（具有普遍性的資訊）就是結論。所謂找出一般性，就是從各個單一的資訊中找出與整體共通的原則，例如：「既然 A、B、C 都有相同的狀況，D、E 會不會也一樣？」在左頁的範例中，首先獲得了「產品品項單調」、「產品包裝缺乏特色」及「產品名稱難懂」的資訊，再透過這些資訊，導出「產品行銷策略有問題，應該重新檢討」這個可視為整體共通問題的結論。假如出現了不符合結論（原則）的事實，結論就會被推翻，此時必須進行修正。另外，找出共通原則時不能太過牽強，否則將導出錯誤的結論。

補充 演繹與歸納的關係

演繹法與歸納法是邏輯性思維的基礎，彼此為互補關係。演繹具有將普遍性原則具體化的功能，而歸納則能驗證普遍性原則的有效程度。在上述「產品行銷策略問題」的範例中，我們可以透過演繹性思維，推論出除了 A 到 C 之外，其他產品在功能或設計上很可能也有問題。加上接下來介紹的溯因推理（建立假設），便能形成一個驗證假設的循環。

促進思考的提示

從部分到整體、從個別到普遍的邏輯推導

歸納性思維的輪廓，也可以透過具有從屬關係的集合概念來掌握。相較於演繹，歸納則是從部分集合想像整體樣貌、從個別的集合想像普遍情況。換言之，也就是歸納比演繹具有更高的延伸性；下一個單元將介紹延伸性更高的溯因推理。

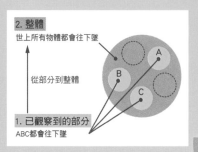

2. 整體
世上所有物體都會往下墜

從部分到整體

1. 已觀察到的部分
ABC都會往下墜

05 溯因推理法

根據事實建立假設

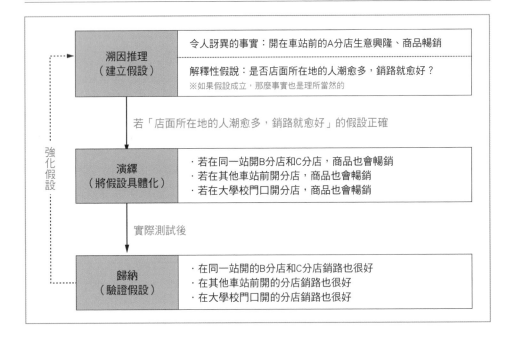

強化假設

溯因推理 （建立假設）	令人訝異的事實：開在車站前的A分店生意興隆、商品暢銷
	解釋性假說：是否店面所在地的人潮愈多，銷路就愈好？ ※如果假設成立，那麼事實也是理所當然的

若「店面所在地的人潮愈多，銷路就愈好」的假設正確

演繹 （將假設具體化）	・若在同一站開B分店和C分店，商品也會暢銷 ・若在其他車站前開分店，商品也會暢銷 ・若在大學校門口開分店，商品也會暢銷

實際測試後

歸納 （驗證假設）	・在同一站開的B分店和C分店銷路也很好 ・在其他車站前開的分店銷路也很好 ・在大學校門口開的分店銷路也很好

基本概要

「溯因推理法」是一種建立假設來說明某個事實發生原因的思維。溯因推理是繼演繹性思維、歸納性思維之後的第三個推論法，也是邏輯延伸性最高的思維。

根據溯因推理進行的邏輯推導，原則上流程為：「發現一個驚人的事實 Z」→「假如 Y（解釋性假說）為真，則 Z 為當然」→「因此 Y 應該也為真」。具體而言，例如當我們發現「蘋果會從樹上掉落」這個事實，並感到驚訝，進而思考出「地球與蘋果之間互相吸引（存在引力）」這個假設。

如上所述，溯因推理是一種具跳躍性的「創意思維」，其最大的魅力，就是能幫助我們發現嶄新的理論或架構。

思考方法

1 ［發現一個令人訝異的事實］：溯因推理始於發現一個意外的事實。在日常生活中，請不要放過任何一個令你感到好奇的事實，努力培養探究一切事物原因的習慣。

2 ［建立解釋性假說］：思考一個能用邏輯性說明上述驚人事實為何發生的假設。這個假設稱為「解釋性假說」，可以透過驗證來慢慢修正。例如，若眼前的事實為「A 分店的商品十分暢銷」，就必須思考能解釋「為什麼 A 分店的商品暢銷」的理論或通則。

3 ［驗證解釋性假說］：利用演繹與歸納來驗證解釋性假說。也就是依照「找出能佐證解釋性假說的其他事實（演繹）」→「確認該事實，並對照解釋性假說（歸納）」這樣的流程來驗證假設是否正確。在左頁範例中，就是實際在人潮眾多的地方展店，假如銷路真的很好，就表示假設正確；反之，則必須修正假設。

補充 歸納性思維與溯因推理的差異

在「從一部分事實推導出一般通則」這點上，溯因推理與歸納性思維相當類似，但兩者之間仍有差異。例如，看見蘋果從樹上掉落時，認為「所有的物體都會下墜」屬於歸納性思維；而認為「物體之間存在著引力」，也就是試圖找出肉眼看不見的因果關係，則是溯因推理。

促進思考的提示

三種推論法的關聯

推論可分為透過分析前提、將部分資訊作為結論陳述的「分析性推論」，以及以部分事實為基礎來說明整體或建立通則的「延伸性推論」等兩大類。演繹、歸納及溯因推理的定位如右圖所示，透過溯因推理建立假設、透過演繹具體化，再透過歸納進行驗證，便能強化邏輯。

本表格參考《溯因推理 假設與發現的邏輯（暫譯）》（米盛裕二著）製成

06 要素分解法
將構成事物的因素拆開來思考

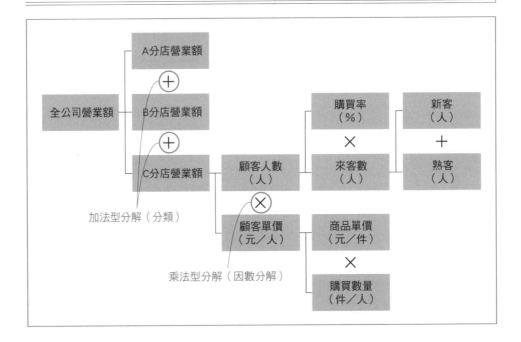

加法型分解（分類）

乘法型分解（因數分解）

基本概要

　　「要素分解法」是將複雜且難以直接思考的事物加以分解的方法。例如，在思考主管與部下之間的溝通問題時，必須仔細觀察各個要素，找出究竟是主管的問題，還是部下的問題？是溝通技巧的問題，還是心理上的問題？又或者是工作過於繁忙所導致的問題？原本模糊不清、難以深入探討的問題，經過分解後，就能更輕鬆地思考。

　　在商務場合中最具代表性的用途，就是分解營業額，鎖定問題，並擬定對策。接下來將介紹加法形式的「分類」，以及乘法形式的「因數分解」這兩種分解方法。

思考方法

① ［進行加法型分解（分類）］：在「加法型分解」中，將分解後的項目加起來，就會變回原狀。在左頁的範例中，就是拆解成「分店 A 營業額」、「分店 B 營業額」、「分店 C 營業額」來思考（※ 在此範例中，分店 A ～ C 是各自獨立的分店，販售的產品彼此沒有關聯）。

補充 **統一抽象度**
在加法型分解中，分解後的概念抽象度往往並不一致，因此思考把全部加起來後能不能恢復原狀，便是關鍵所在。在左頁範例中，分店 A ～ C 的營業額相加後，必須等於全公司營業額才行。請隨時將 MECE（參照→**07**）的概念放在腦中。

---

② ［進行乘法型分解（因數分解）］：將目標事物分解為因數的方法。具體而言，就是將營業額分解為「顧客人數」與「顧客單價」；將分解後的因數相乘，便可恢復原狀（顧客人數×顧客單價＝營業額）。還可繼續將顧客單價因數分解為「商品單價」與「每人購買的數量」。

③ ［鎖定問題，思考解決方案］：針對分解後的各項要素進行調查，找出問題，並思考解決方案。只要將事物分解成適當的大小，思考解決方案就會變得容易。在處理概念較模糊的問題時，必須先思考該如何拆解問題，尋找行動。

促進思考的提示

可正確分解的事物，就能正確組合

分解時的關鍵，就是「正確地理解分解對象」。只要能理解，便能分解；只要能分解，便能再重新組合起來。這個思維架構的目標，可說是獲得理解、分解事物，依照目的重新建構的能力。

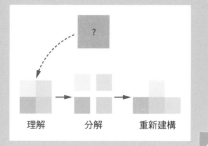

07 MECE 分析法
確認沒有遺漏或重複的思考

每月花在美容上的預算（日圓） ＼ 年齡（歲）	未滿20	20～29	30～39	40～49	50～59	60～
未滿5,000	✓	✓	✓	✓		
5,000～9,999	✓	✓		✓		✓
10,000～14,999	✓	✓	✓	✓	✓	
15,000～19,999			✓	✓	✓	✓
20,000～24,999		✓	✓	✓	✓	✓
25,000～29,999		✓	✓	✓	✓	✓
30,000～		✓	✓	✓	✓	✓

※ 為進行需求調查的客群分類範例

基本概要

「MECE」是「Mutually Exclusive and Collectively Exhaustive」的縮寫，意思是「沒有遺漏、沒有重複」。MECE 分析法在為了釐清問題或市場調查而蒐集、整理、分析資料時相當重要，同時也是進行邏輯性思考時不可或缺的概念。

倘若在蒐集資訊時有所遺漏，就等於欠缺了原本應該掌握的資訊；倘若資訊重複，則可能導致分類模糊不清，或是必須重複調查而使得成本增加。

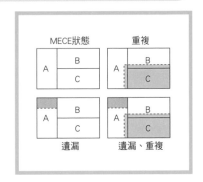

思考方法

1 ［設定蒐集資訊的目的］：在決定蒐集資訊的具體內容與方法之前，應該先決定目的。例如在思考行銷策略時，可能會將目的設定為「了解使用本公司服務之各類型顧客的需求」。

2 ［決定蒐集資訊的切入點］：根據目的，思考蒐集資訊的切入點。在思考切入點時，必須掌握「與目的相關的變數為何」。具體而言，假設目的是「了解使用本公司服務之各類型顧客的需求」，對以女性為服務對象的美容設施而言，應以「年齡」及「每個月花在美容上的預算」等作為切入點較為適切，若從「性別」切入則毫無意義。從作為目的的分析內容反推，思考應蒐集哪些資訊才能獲得足以做出判斷的材料，再設定切入點。

3 ［確認是否有遺漏或重複］：確認上述設定的切入點是否能完成 MECE。例如，年齡項目中缺少了「未滿 20 歲」與「70 歲以上」，就表示有遺漏的情形；倘若切入點是「年輕女性」、「女大學生」、「20 至 29 歲女性」等模糊的概念，則表示有重複的情形。當出現遺漏，就必須追加項目；當出現重複，則必須透過整合或分割來進行調整。而比較需要注意的是遺漏。出現重複時，雖然成本會增加，但事後仍有機會彌補；若出現遺漏，有時可能到最後才會發現。

促進思考的提示

調整所需資訊的詳細程度

儘管 MECE 是邏輯性思維必備的思考架構，但仍須注意不能過分鑽牛角尖。一旦太拘泥於細節，很可能會偏離原本的目的，或耗費過多時間。在運用 MECE 時，可以配合假設思維（參照→ **48** ）的概念，思索目前需要多詳細的資訊，找出「適當的粒度」（granularity）。

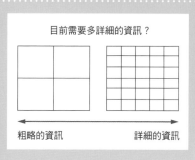

目前需要多詳細的資訊？

粗略的資訊　　　　　　　詳細的資訊

08 PAC 思維

質疑前提與假定，提高思維的精準度

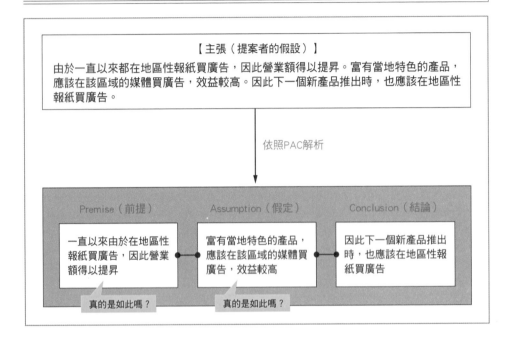

【主張（提案者的假設）】

由於一直以來都在地區性報紙買廣告，因此營業額得以提昇。富有當地特色的產品，應該在該區域的媒體買廣告，效益較高。因此下一個新產品推出時，也應該在地區性報紙買廣告。

依照PAC解析

Premise（前提）

一直以來由於在地區性報紙買廣告，因此營業額得以提昇

真的是如此嗎？

Assumption（假定）

富有當地特色的產品，應該在該區域的媒體買廣告，效益較高

真的是如此嗎？

Conclusion（結論）

因此下一個新產品推出時，也應該在地區性報紙買廣告

基本概要

「PAC 思維」是著眼於前提（Premise）、假定（Assumption）、結論（Conclusion）的思考法架構，藉由確認結論是否恰當，使思考更為縝密。這也是進行批判性思維的具體思考方式之一。

只要主張具有邏輯，結論和前提便會正確地連結，而存在於結論和前提之間的，便是假定。PAC 思維的重點，就是質疑假定的正確性，確認該主張是否適切。在質疑前提和假定時，假如無法完全排除疑慮，就表示必須重新思考假定或結論。PAC 思維的好處，除了能加強我們分析問題的能力之外，更能透過思考自己建構的邏輯是否正確、對方提出該結論背後的原因是什麼，進行富有建設性的討論。

思考方法

1 [依照 PAC 分解主題]：設定想用 PAC 思維驗證的主題。左頁範例中設定的是：在思考新產品行銷策略走向時對現狀的假設。將設定好的主題分解成前提（P）、假定（A）、結論（C）。

2 [蒐集資料]：將主題分解成 PAC 各項目後，首先針對假定提問，驗證其正確性。以左頁的圖為例，就是思考「富有當地特色的產品，應該在該區域的媒體買廣告，效益較高」這個假定是否正確。假如發現地區性報紙的讀者已隨時代改變而銳減，導致假設無法成立，就必須修正結論。

| 補充 | 假定和假設的差異 |

本單元中出現的「假定」和「假設」兩個詞彙，意思並不相同。本書將透過 PAC 思維進行驗證的對象稱為「假設」，而位在構成該假設的結論與前提之間的，則是「假定」。我們要藉由質疑假定，來驗證整體假設是否正確。

3 [確認前提的正確性]：當作前提的資料有誤，其實是很常見的事。即使不是完全錯誤，也可能因為個人因素受到美化，而不適合作為判斷的依據。左頁範例雖然主張「由於一直以來都在地區性報紙買廣告，因此營業額得以提升」，但其實必須客觀地檢視兩者是否真的有因果關係。假如提出這個主張的人正是當時負責買廣告的人，則可能摻雜了想炫耀自己工作成果的心情。

促進思考的提示

前提是會改變的

在瞬息萬變的現代社會中，前提的正確性會不斷改變也是家常便飯。有些事情一年前是正確的，到了今天卻已經不適用。當遇到瓶頸時，請（用健康的心態）質疑根據以往經驗導出之結論的假定和前提，或許就能有所突破。

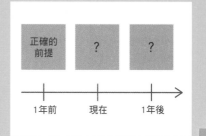

09 後設思維

用一個以上的觀點來掌握事物，提升思考的品質

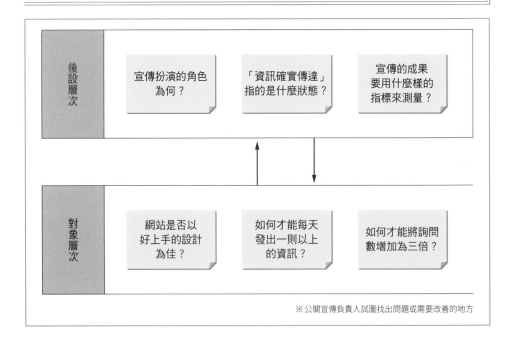

後設層次

| 宣傳扮演的角色為何？ | 「資訊確實傳達」指的是什麼狀態？ | 宣傳的成果要用什麼樣的指標來測量？ |

對象層次

| 網站是否以好上手的設計為佳？ | 如何才能每天發出一則以上的資訊？ | 如何才能將詢問數增加為三倍？ |

※公關宣傳負責人試圖找出問題或需要改善的地方

基本概要

所謂「後設思維」（meta thinking），就是「針對思考進行思考」。也就是站在客觀超然的角度觀察自己正在進行什麼樣的思考，進而「思考自己應該思考什麼」、「思考自己應該如何思考」。

以採取行動或做決定等具體行為作為思考對象的，稱為「對象層次的思考」；而將上述「對象層次的思考」作為思考對象的，便是「後設層次的思考」。後設層次的思考

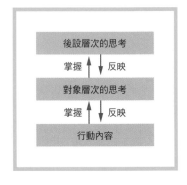

| 後設層次的思考 |
| 掌握 ↑ ↓ 反映 |
| 對象層次的思考 |
| 掌握 ↑ ↓ 反映 |
| 行動內容 |

可以讓核心問題或判斷基準變得更明確，提升最終行為的品質。

思考方法

1 [將對象層次的思考視覺化]：針對目前面臨的問題或正在處理課題思考，具體寫下內容。左頁的範例，就是一名公關宣傳負責人試圖找出問題或需要改善的地方時的範例。

2 [站在後設立場思考]：用超然（更高層次）的觀點來思考正在思考的對象，將想到的東西寫下來，例如應該要思考什麼、該用什麼樣的程序來思考。雖然有些思考主題不適用，但對象層次的思考和後設層次的思考，可以透過下列要素來加以區分。

例 不同層次的思考要素

後設層次：上位概念、必須思考的項目、思考過程、判斷基準、意義等。
對象層次：下位概念、具體的行動內容、計畫、目標設定、事實等。

3 [反映對象層次的思考]：將在後設層次思考的結果反映至對象層次的思考上，也就是思考在①沒有想到的點，或是設定明確的基準，具體思考必須修改哪些內容。

4 [反覆確認後設層次與對象層次]：持續反覆進行對象層次的思考與後設層次的思考，提升最終行為（行動內容）的品質。

促進思考的提示

跳脫既有框架來思考

　　要做到能站在客觀超然的角度檢視自己，關鍵在於除了「內部視角」之外，也必須擁有「外部視角」；除了「具體觀點」之外，也必須擁有「抽象觀點」。

　　思考時，請提醒自己要兼顧內部、外部、具體、抽象等角度。

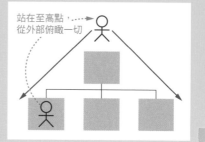

站在至高點，從外部俯瞰一切

10 辯論思維

透過思考正反方的論點，提升邏輯理解能力

議題：業務部門應採用遠距工作制度

贊成意見①	反對意見①	贊成意見②	反對意見②
· 如果取消一定要進公司上班的規定，就能擴展業務範圍。	· 也有其他辦法能增加據點。	· 增加據點（辦公室）需要成本，若採用遠距工作則可壓低成本。	· 目前已設置五個據點，且營運相關知識皆已完備，整體而言所需成本比採用全新制度要低。
	· 業務部門必須共享資訊，同時必須擁有臨機應變的能力，因此同事間的溝通是不可或缺的。若採用遠距工作，同事間會變得疏離，而產生問題。	· 現在支援業務工作的軟體很發達，遠距工作也能分享資訊。 · 只要善加安排線上會議的頻率和內容，便能解決。	· 業務報告或討論的確可以透過網路工具進行，但卻難以分享小事，以及有光靠文字無法傳達的細微差別。

基本概要

　　辯論其意義在於針對某個議題，分別站在贊成與反對的立場進行討論；在說服評審的過程中，找出該議題的最佳解法。由於有正反兩方，因此也是一種以邏輯方式思考事情的好方法。

　　「辯論思維」是將辯論的思維架構帶進解決問題的情境中，進而有邏輯地掌握事情的全貌，同時綜合各種觀點的意見，推導出更好的結論。辯論通常由多人進行，但本書介紹的是運用辯論特徵的「單人辯論」。

思考方法

1 [設定議題]：將正在檢討的事項設定為議題。設定時，必須留意議題的內容是否為具體行動、能不能分成贊成與反對兩方。撰寫議題時，建議採用「應該○○」的句型，如左頁範例中的議題，就設定為「業務部門應採用遠距工作制度」。倘若將議題設定為「未來的工作方式會是什麼？」就會太過籠統，不適合重視結論的辯論思維。

2 [列出贊成意見]：設定五分鐘左右的時間限制，站在贊成該議題的立場，在時限內盡可能列出所有贊成的意見。

3 [列出反對意見]：站在反對的立場，對該議題列出反對意見。可針對贊成意見的內容，寫下「不應該○○」的理由或缺點。

4 [重複贊成與反對]：再次回到贊成的立場，針對反對意見提出反駁。接著再反覆提出贊成與反對意見數輪；除了正反兩方的意見內容之外，也應檢視是否已討論出剛開始沒發現的爭議點。

5 [導出結論]：將贊成與反對的觀點全數列出後，站在中立的立場回顧整個討論過程，釐清最關鍵的爭議點是什麼、哪一個觀點最具有說服力。根據從雙方意見中獲得的理解與發現，進行最後的決議。

促進思考的提示

整理優點與缺點

　　進行辯論思維時，必須具備站在超然立場掌握事物優缺點的能力。每天在工作中進行選擇或判斷時，就可以將不同觀點寫在紙上，加以整理，藉以培養客觀中立地掌握優缺點的能力。

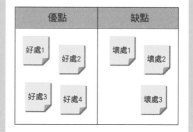

在第 1 章裡，我們以邏輯性思維及批判性思維為主軸，學習了適合應用在發現問題與設定課題時的各種思維。在本單元中，我們將深入了解在進行邏輯性思維時不可或缺的要素分解法（參照→**06**）。各位讀者也可透過網路下載範本，試著分解自己實際遇到的課題。

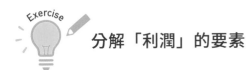

分解「利潤」的要素

首先，我們先試著分解「利潤」。分解的方法和粒度會隨著目的而改變，也沒有正確答案，因此請參考下圖，嘗試自己進行分解。

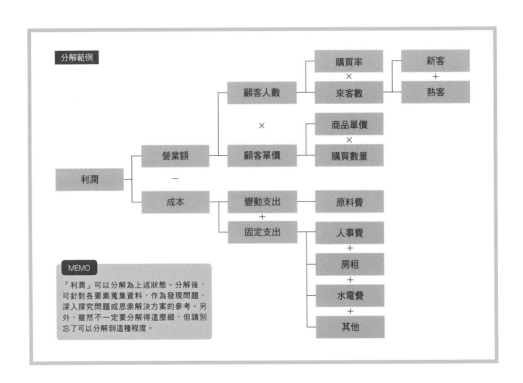

分解範例

MEMO

「利潤」可以分解為上述狀態。分解後，可針對各要素蒐集資料，作為發現問題、深入探究問題或思索解決方案的參考。另外，雖然不一定要分解得這麼細，但請別忘了可以分解到這種程度。

分解周遭事務

左頁範例中分解了「利潤」，而在日常工作中處理的各種要素，也可以透過分解法來思考。請務必想想，自己所面對的指標或數字，在分解之後會變得如何。

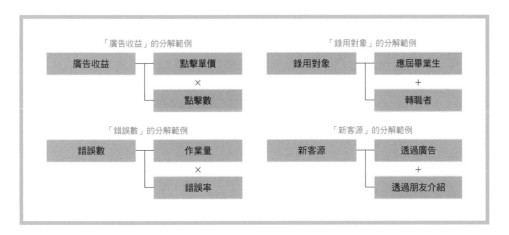

「廣告收益」的分解範例

廣告收益	點擊單價
	×
	點擊數

「錄用對象」的分解範例

錄用對象	應屆畢業生
	+
	轉職者

「錯誤數」的分解範例

錯誤數	作業量
	×
	錯誤率

「新客源」的分解範例

新客源	透過廣告
	+
	透過朋友介紹

分解流程

流程也可以分解。下圖是為了增加新服務的簽約人數，而從寄送說明會通知 DM 到簽約之間的流程分解範例（但通常也有沒收到 DM 的人來參加，因此實際狀況會更複雜一些）。

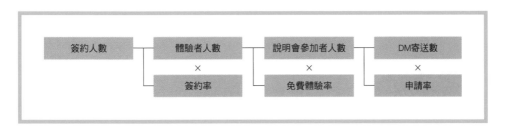

簽約人數	體驗者人數	說明會參加者人數	DM寄送數
	×	×	×
	簽約率	免費體驗率	申請率

第1章練習 ②

第1章以鍛鍊思考的基礎能力為目的，介紹了邏輯性思維以及批判性思維。這些思維都是思考的基本，請確實練習；而最適合作為練習的方法，就是前述的「單人辯論」。

用辯論思維來釐清正在考慮的事物

辯論思維（參照→ 10 ）是針對某個主題提出贊成與反對意見，透過不同觀點的衝撞來導出最佳結論的思考方式。可以獨自實踐的「單人辯論」，可施行步驟整理如下：

1 設定議題
2 列出贊成意見
3 列出反對意見
4 重複贊成與反對
5 導出結論

本單元將「應該將外包的員工訓練改由公司內部負責」設定為議題，進行思考。只要在筆記本或白紙上畫一條直線，隨時都可以實踐。各位也可以將自己現在面臨的課題或準備簡報的內容設定為議題，從正反兩面進行思考。

讓不同觀點碰撞，才是價值所在

相信各位在職場中，一定有寫下某件事物的優點與缺點的經驗吧。在進行辯論思維時，正確掌握這些特點也是必要的。不過，辯論思維最根本的魅力，並不在於列舉出優缺點，使其視覺化，而是藉由讓不同的觀點互相碰撞，加深思考，以獲得新發現或更客觀的看法。

試著進行單人辯論吧

Exercise

　　以下是以「應該將外包的員工訓練改由公司內部負責」為議題進行單人辯論的範例。如下所示，請試著針對議題反覆提出贊成與反對意見，進行更深入的思考。

議題：應該將外包的員工訓練改由公司內部負責			
贊成意見①	反對意見①	贊成意見②	反對意見②
·必須進行訓練的內容愈來愈細，外部講師已經無法應付。 ·改由內部負責，便可更靈活地調整訓練內容。	·只要將內容加以整理並細分，再分批委託訓練公司即可。 ·現在之所以需要靈活調整，是因為沒有事先規畫訓練計畫，只要先做好年度計畫再開始，就不會有問題。 ·有關教育和學習的理論與技巧都是專業，公司內部人員能力不足，需要借重外部的力量。	·細節的指導，必須仰賴具有第一線經驗的人，外部講師無法做到。 （想不到能反駁這一點的意見。目前的教育訓練規畫確實不足）。 ·可以在人事部門設立開發員工訓練方法或技巧的專案團隊。	·太細的內容，本來就不適合透過一對多的員工訓練進行指導。細節應採用OJT方式指導，基礎知識則應外包。 ·外行的集團就算設立專案團隊，也不一定能獲得專業知識。還是需要來自外部的支援。

專欄 # 思維的微觀和宏觀

　　第 1 章以邏輯性思維與批判性思維為主軸,介紹了作為思考基礎的各種思維。而為了從不同面向觀察事物,我們必須學習「整體與部分」的觀點。

掌握整體的能力是必備的

　　俗話說「見樹不見林」,就是在提醒人們不可受限於局部,而忽略了整體。這一點在解決問題時也相當重要,為了提高思考的品質,我們必須透過「整體觀點」來掌握問題的全貌。因為倘若欠缺整體觀點,往往會忘記「目的」、搞不清楚自己「身處何地」,不知道自己在思考什麼、為了什麼而思考。

　　當然,這並不代表「不需要顧及局部」。在具體採取行動、做決策以及觀察需求時,都需要仔細掌握局部的能力。換言之,在解決問題時,最重要的就是在整體與局部之間取得平衡。

反覆拉近(從整體到局部)與拉遠(從局部到整體)

　　若想同時正確掌握整體與局部,就必須採用「拉近」與「拉遠」這兩種視角移動方式。zoom-in 是將視野範圍限制在局部的觀點,zoom-out 則是為了掌握全貌而擴大視野範圍的觀點。

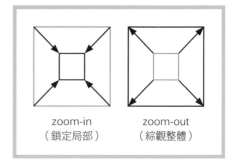

zoom-in
(鎖定局部)
　　　　zoom-out
(綜觀整體)

　　假如一直專注在眼前的業務,往往容易過於偏向局部有時甚至會將局部的資訊誤認為整體。為了更有效率地進行思考,當自覺太過注重局部時,便可稍微拉遠;反之,當感到具體資訊不足時,便可稍微拉近,隨時調整掌握資訊的方式。最理想的狀況,就是「見樹且見林」。

第 **2** 章

提升創意發想能力

提升創意發想能力

第 2 章裡介紹的思維架構，適用於各種必須仰賴創意發想的場合，例如思考新產品、行銷策略以及業務改善方案等。在具體介紹各種思維之前，讓我們先思考一下什麼是「創意發想」。

創意是為了解決問題而生

所謂創意，就是找出解決問題方法所需的基本發想。為了讓自己的點子不至變成空想，我們必須確實理解並掌握自己目前正試圖解決什麼樣的問題。在實踐本章內容時，也請明確釐清創意發想的目的。

新創意是各種要素結合的產物

一般而言，新創意大多並非從零開始，而是將既有的要素加以重新排列組合而誕生的。

例如，將「書」和「電子裝置」這種技術結合，便產生了「電子書閱讀器」。同樣地，將「書」和「咖啡廳」結合，便出現了朝向「書店咖啡廳」發展的趨勢。換言之，假如不先理解既有的要素，便很難想出新點子。

在理解一個要素時，必須具備「關於思考對象的資訊」以及「其他領域的資訊」這兩種視角。例如以書為主軸進行思考時，就必須了解「書」的特徵與文化相關資訊。除此之外，也必須掌握與書不同領域（如上述範例就是電子裝置或咖啡廳）的產業資訊。

因此，平時多方接觸各種不同領域的資訊，便更顯重要。請持續累積可供創意發想的素材，以利思考出更多樣化的組合。

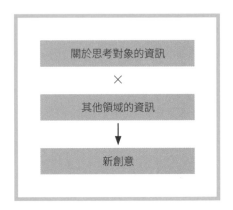

發散思維與收斂思維

在創意發想時能派上用場的兩種思維，就是「發散」與「收斂」。發散意指從特定資訊開始延伸思考，也就是以現有的資訊或創意為基礎，多方嘗試，從各種角度進行創意發想。

在發散的階段，應重視創意的量勝過於質。倘若一開始就太過拘泥於質，便無法充分發揮創意，導致難以想出好點子。

收斂則是將多個資訊整合為一個創意，慢慢縮小思考範圍；也就是統整透過發散所累積的構想。

最重要的就是要將發散與收斂靈活搭配使用。經過反覆的發散與收斂，創意的品質就會提升。

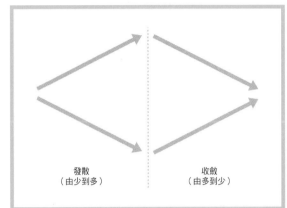

發散
（由少到多）

收斂
（由多到少）

積極借重他人的知識與經驗

為了獲得新創意而思考不同組合、反覆進行發散與收斂。深入思考時，與其一個人獨自思考，不如積極借助旁人的知識、經驗與觀點。一個人能累積的經驗量與所能思考的深度皆有限，若想獲得超出既有知識框架的新想法，就必須仰賴擁有不同經驗的人具備的觀點。

雖然本書主旨在培養讀者個人獨立思考的能力，但仍希望各位能積極地從他人身上尋找創意的靈感，活用本章所介紹的各種思維。

11 腦力激盪法

透過自由發想的過程，提升思考的廣度

課題：增加美容事業顧客的方法

推出好友推薦活動，打進老客戶的親友圈

尋找共同行銷的夥伴

在媽媽社群發送折價券

在YouTube上傳講解美容知識的影片

增加免費體驗的種類

順便！提出與美容院聯名的方案

提供美容相關知識，充實老客戶專屬的服務

順便！在Podcast上傳有關美容的廣播節目

順便！也問問看岩盤浴或按摩店

順便！出版教人在家裡美容的書籍，提昇知名度

基本概要

　　「腦力激盪」（brainstorming）又稱「BS 法」，是由美國創造學家奧斯朋（Alex F. Osborn）提倡的一種能激發創造力的思考方法。在會議、工作坊等由眾人一同發揮創意的場合中，是不可或缺的技巧。

　　進行腦力激盪時，通常會刻意區別創意的發散和收斂。第一個重點，就是先不進行評斷，「盡情發散」。若在拋出創意的階段就加入評斷，創意便會在擴展之前就先收斂，限制了想像力。因此，請打造一個輕鬆愉快的環境，遵守「不批判」、「自由發揮」、「量重於質」、「結合不同創意」這四個規則，盡情發揮創意。

思考方法

1 [決定課題]：設定課題，決定要針對什麼主題發揮創意。

2 [召集成員]：召集一起進行創意思考的夥伴。可以廣邀各種不同類型的成員，例如有相關經驗的人、對課題抱有熱忱的人、具備思考解決方案所需知識的人等。

3 [共同確認規則]：全體參加者必須遵守下列規則。

不批判	先接受所有的創意，暫不評斷好壞
自由發揮	思考時必須跳脫既有的思考框架或現實上的限制
量重於質	比起提出好點子，更重視點子的數量
結合不同創意	積極利用別人提出的點子，或將其結合自己的點子

4 [拋出創意]：遵照**3**的規則發揮創意。第一個目標是把所有能想到的點子全部拋出來。當覺得已經擠不出想法時，可以花點心思調整已提出的點子，以激盪出更多創意。若想在原有創意中加入新的觀點，可以運用水平思維（參照→**13**）、逆向思維（參照→**14**）、IF 思維（參照→**15**）。

5 [整理創意]：將列出的構想加以整理，針對可行性較高的創意具體深入探討。整理構想的時候，可以採用第 5 章介紹的 KJ 法（參照→**60**）。

促進思考的提示

靈感枯竭時，再往前跨出一步

　　腦力激盪強調的是拋出所有的構想；重要的是，當自認再也想不出其他點子時，應該運用別人的經驗或觀點，再更進一步地發揮創意。只要突破既有的框架，就能獲得富有可行性的新創意或觀點。

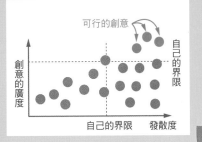

第 2 章／提升創意發想能力

12 類推思維

從相近的事物中找出特徵並加以應用

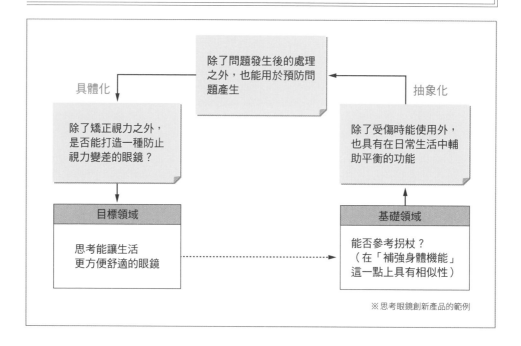

具體化

除了問題發生後的處理之外，也能用於預防問題產生

抽象化

除了矯正視力之外，是否能打造一種防止視力變差的眼鏡？

除了受傷時能使用外，也具有在日常生活中輔助平衡的功能

目標領域

思考能讓生活
更方便舒適的眼鏡

基礎領域

能否參考拐杖？
（在「補強身體機能」
這一點上具有相似性）

※思考眼鏡創新產品的範例

基本概要

　　「類推思維」旨在不同事物之間找出相似點，應用在作為思考對象的課題上，是一種從相似的事物「借用」靈感的思考方式。

　　類推思維最大的魅力，就是能從與課題相關的所有事物中找出思考的素材，並加以應用。不論是過去發生的事情、同業競爭者採取的措施，甚至是日常生活中的烹飪或打掃等行為、鳥或狗等動物特徵，都可以成為延伸思考的靈感來源。

　　類推思維由抽象化與具體化兩個階段組成，作為最終目標的思考領域稱為「目標領域」，而作為思考材料的對象，則稱為「基礎領域」。思考的流程，就是將基礎領域所具備的特性加以抽象化，再具體地填入目標領域中。以下將類推思維的思考方法分為 5 個階段說明。

思考方法

1 ［設定目標領域］：設定欲思考的課題，如新產品的企畫案或解決問題的方案等。左頁範例設定的目標領域為思考一款新的眼鏡產品。

2 ［設定基礎領域］：找出與目標領域具有相似性的事物，設定為基礎領域。在尋找基礎領域時，若事先將目標領域的內容加以分解，便能加速聯想。以眼鏡為例，便可分解成「具備矯正視力這種補強身體機能的功能」與「配戴在身上的工具」等要素。接著，從分解後的要素中找出具有共通點的事物；範例中將「拐杖」設定為基礎領域。

3 ［找出基礎領域的特徵］：找出基礎領域在結構、關聯性、流程、步驟、制度等方面的特徵，並鎖定比目標領域更優異、更先進或更令人印象深刻的點。

4 ［將找出的特徵加以抽象化］：將從基礎領域中找出的特徵轉化為普遍性的特點、理論、結構或訓示等，加以抽象化，使其能應用在其他狀況。必須思考特徵是什麼（What）、該特徵為什麼是特徵（Why）。

5 ［應用在目標領域］：思考將抽象化後的重點或理論套入目標領域的方法，也就是將思考具體化或個別化。

促進思考的提示

在不同地點找出相同形式

類推思維可說是種利用相同形式來彌補欠缺要素的思維。當目標領域欠缺基礎領域的要素時，便可思考是否能透過補充該要素來解決問題。

反之，假如基礎領域很簡單，目標領域很複雜，則可思考能否刪減一些要素。

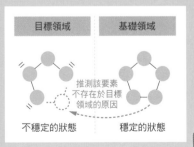

13 水平思維

跳脫具連續性的邏輯，思考新創意的切入點

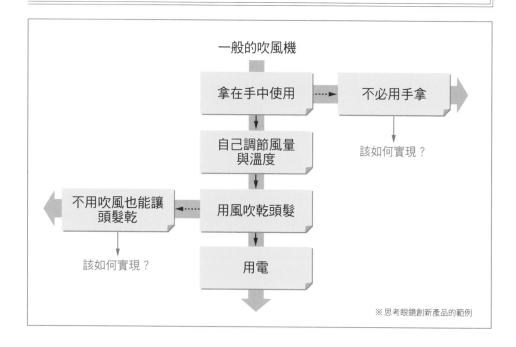

一般的吹風機

拿在手中使用 ┈┈► 不必用手拿

↓

自己調節風量與溫度

該如何實現？

不用吹風也能讓頭髮乾 ◄┈┈ 用風吹乾頭髮

↓

該如何實現？　　用電

↓

※思考眼鏡創新產品的範例

基本概要

　　「水平思維」是一種不受邏輯正確性束縛，靈活發揮創意的思考架構。第1章所介紹的邏輯性思維，是一種縱向連續性的思考方式，因此也可稱為「垂直思維」；相對於此，不連續且脫離邏輯的思考方式，便稱為水平思維。

　　垂直思維雖能推導出合理的結論，但卻容易受限於傳統觀念或理論，難以產生新的創意；而水平思維則因為刻意打破「如果○○，就△△」的一般正確邏輯，故能進行跳躍性的思考。

　　水平思維能無拘無束地自由發想，因此很適合用於激發新創意，但並不適合用於思考要讓所有人都能接受的創意。在實用化的階段，垂直思維（邏輯性思維）仍是不可或缺的，因此必須巧妙地靈活運用兩者。

思考方法

① [決定主題]：設定思考的對象（主題）。主題可以是用於解決問題的構想，也可以是想解決的問題本身。

② [順著邏輯思考]：設定好欲思考的對象後，首先請順著邏輯思考。這個階段可說是將普遍的前提或理論化為言語的過程。左頁範例中，針對吹風機寫出了順著一般邏輯可想到的要素。這時若能將令人感到不滿或不方便的要素加以視覺化，便能更輕鬆地想出實用的點子。

③ [透過水平移動製造落差]：進行「水平移動」，跳脫具有邏輯性的想法。如範例所示，試著推翻「吹風機要用手拿著」的前提，便能找到新的創意切入點。在水平移動時，可以先無視一般認為正確的前提，或是大膽地改變它。意識到自己一直以來都把某件事視為理所當然，再去質疑這個理所當然，並重新檢視它。

④ [消除落差（連結）]：思考能將水平移動後的想法與主題連結的構想。水平移動後，想法就會和原本的主題出現落差，難以實際應用，因此必須消除此落差。例如，思考該如何實現「不用手拿的吹風機」，便能獲得「打造一個高度適中的吹風機固定架」、「開發能自動轉向替使用者吹風的機器人」等新創意的切入點。最後再順著邏輯思考，從這些點子中篩選出實際可用的創意。

促進思考的提示

增加水平移動的切入點

不知道該從何處切入水平移動時，可以運用腦力激盪的框架。例如利用「其他用途」、「應用」、「改變」、「擴大」、「縮小」、「取代」、「重整」、「顛倒」、「結合」等 9 個切入點激發創意的「奧斯本檢核表」（Osborn's Checklist），就是一種方便的工具。

其他用途	應用	改變
擴大	縮小	取代
重整	顛倒	結合

奧斯本檢核表

14 逆向思維

透過與常識相反的思考，找出新創意的切入點

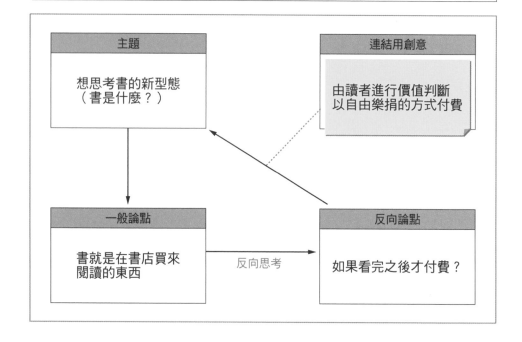

基本概要

　　「逆向思維」是刻意反向思考一般認為正確的事物，藉以找出新創意切入點的思考方式。它能促進不受常識或定論局限的靈活思考，可說是一種質疑根本原因、探究真理的思維。

　　已成定論的事，通常是以過去作為基準而定的，因此切勿囫圇吞棗，重要的是檢視在時代變遷下，現在是否能做得更好。

　　擺脫既有的觀點與框架，將事物互相對比，正是逆向思維的優點。當因為思考遇到瓶頸或流於僵化而苦惱時，請試著從既有的想法或前提反向思考，確認是否能從中獲得新的觀點。

思考方法

1 [決定主題]：將需要採用新觀點的課題設定為主題，例如新商品的企畫案或行銷策略等。左頁範例是針對書籍的新型態進行思考。

2 [思考一般論點]：首先針對設定的主題提出一般認為正確的論點。這是將一般認知的前提化為言語的步驟，請參考常識或成功經驗，將想到的東西全部寫下。

3 [思考反向論點]：針對列出的一般論點進行逆向思考。愈是能著眼於以往沒人意識到的地方或根本的癥結，就愈有機會想出嶄新的創意。建議可採用「雖然○○，但是╳╳」的句型思考，例如設定「雖是書店（通常會賣書），卻不賣書」等逆向思維的切入點，再從這裡開始發揮創意。

4 [激發創意]：利用從反向論點得到的觀點來思考能應用在主題上的創意。在這個連結創意的步驟裡，必然會考慮到主題的本質，而這正是逆向思維的重點。在左頁範例中，一般狀況是付費之後才閱讀書籍，而藉由提出「讀完後再付費」這個反向論點，便能重思考「書是什麼？」、「共享知識是什麼？」等最根本的關鍵。請從更深層的部分思索能否有不同的看法。

促進思考的提示

設想相反的狀況或意見

　進行逆向思維時必備的，就是找出「相反」的能力，因此建議各位在日常生活中就培養反向思考的習慣。「相反詞」往往能成為反向思考的靈感，當一時不知該如何反向思考時，可以試著想想關鍵字的相反詞，想像相反的世界。

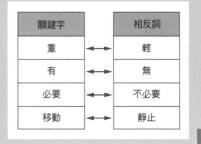

關鍵字		相反詞
重	⟷	輕
有	⟷	無
必要	⟷	不必要
移動	⟷	靜止

15 IF 思維

假設前提或條件，增加創意的廣度

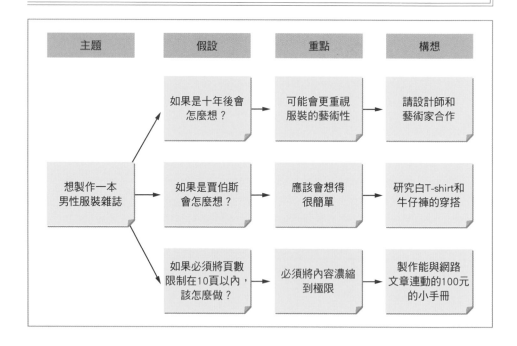

主題	假設	重點	構想
	如果是十年後會怎麼想？	可能會更重視服裝的藝術性	請設計師和藝術家合作
想製作一本男性服裝雜誌	如果是賈伯斯會怎麼想？	應該會想得很簡單	研究白T-shirt和牛仔褲的穿搭
	如果必須將頁數限制在10頁以內，該怎麼做？	必須將內容濃縮到極限	製作能與網路文章連動的100元的小手冊

基本概要

所謂「IF 思維」，就是設想一個假設的狀況或條件，例如「假如○○會怎麼樣？」來激發創意的思考方式。其最大魅力，就是可以獲得在舊有思考框架中無法得到的新構想。

採用 IF 思維時必須注意的是，前提將會隨著假設性（如果）的設定而改變。改變前提雖是在各種思維中常見的要素，但在既有觀點下，是很難改變前提的。

因此，刻意設定一個不同於以往的條件，獲得不受前提侷限的創意，正是假設性思維的優勢。請培養隨時抱著思考「如果○○」的習慣，累積各種觀點。

思考方法

1 ［決定主題］：將目前發生的問題或在產品、服務的創意設為主題。

2 ［思考 IF］：針對主題，先自己思考一輪之後，再假設其他狀況來思考。設定假設時，請掌握自己想進一步思考的理由和目的。較典型的切入點如下。

制約假設	消除或改變既有的制約或規定再思考
狀況假設	假設某種特定狀況後再思考，如「如果公司員工變成十倍會怎麼樣？」
人物假設	站在歷史上的偉人、名人或主管、屬下、夥伴的立場來思考
時間假設	不是站在此刻，而是站在過去或未來的觀點思考
地理假設	改變身處的位置，在其他地區或不同廣度的環境中思考

3 ［抓出重點］：思考在設定假設後，會出現什麼不同於一般思維的變化。例如，假如設定假設為「如果是賈伯斯會怎麼想？」便可抓出「應該想得比我簡單」等可作為思考基準的要素。

4 ［發揮創意］：站在假設性思維的觀點，根據抓出的重點來發揮創意。若設定多個假設，便能更容易跳脫既有的思考框架。

促進思考的提示

試著假設極端的狀態

　　假設一個極端的狀態來思考，有時會有新發現。例如，思考「如果這項產品必須獲得 100 萬的利潤，會怎麼樣？」時的看法，就會和假設獲利 1 億元時的看法不同。當覺得思考僵化時，請務必試試極端的假設。

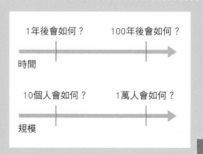

16 白紙思維

以外行人或初學者的角度來思考事物

	確認	備註
是否單純？	✕	太過強調與同業競爭者間的差異，導致功能過於複雜。總覺得有40%都是不必要的
是否直接？	✕	太過重視利基市場，概念也不夠明確
是否自由？	△	思考還算靈活，但太在乎利潤，似乎制約了想像力
是否簡單？	✕	隨著功能的複雜化，操作也變得困難，使用的詞彙也太專業

※以白紙思維重新檢視現有服務的範例

基本概要

「白紙思維」是以該領域外行人的眼光來思考事物的方法。累積許多知識和經驗後，便能看見許多細節；在深入探討事物時，留意細節固然重要，但有時卻反而會阻礙思考。

例如在創意發想的過程中，有時正因為自己經驗豐富、掌握許多資訊，而看不清楚本質。另外在溝通的時候，明明可以簡單扼要地表達，卻因為擁有知識而不小心解釋得太詳細。

這種時候，便可以利用第一次聽聞的人或外行人的觀點來思考，以期獲得新想法或貼近本質的想法。

思考方法

1 ［寫下目前正在思考的事物］：針對主題，寫下目前思考的內容。如果有自己認為很重要或正在煩惱的地方，也請一併寫下。

2 ［確認是否單純］：確認思考的內容是否太過複雜。為了整理什麼是重點、什麼是細枝末節，請單純地思考。

3 ［確認是否直接］：確認想法是否夠直接，沒有拐彎抹角，也沒有被偏見、自尊心和表現欲影響。

4 ［確認是否自由］：當視野範圍或解析度提高，有時會受到自我堅持、制約、規則、正確性所束縛，請試著拋開這些制約再思考。

5 ［確認是否簡單］：檢視是否能用更簡單的方法來思考。擁有豐富知識和技術的人，往往不自覺地想要使用，因此可能會導致思考不夠靈活。請用簡單而粗淺的知識或技術來思考。

6 ［調整內容］：用**2**～**5**的觀點重新檢視自己的思考，明確指出對達成目標來說最關鍵的重點。資訊量過多時，必須將資訊分成最重要、次重要等階層，再進行思考。

促進思考的提示

用外行人的角度發揮創意，用內行人的角度具體化

在白紙思維中，一般會用外行人的觀點來看待事物，在沒有制約的狀態下自由發揮創意。

但是在盡情發揮創意後，便必須考慮專業性、可行性以及現實上的制約等，充分利用自己擁有的經驗與知識，使其具體化。重要的是，假如思考遇到瓶頸，請記得退回外行人的立場，繼續激發創意。

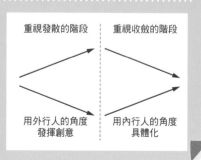

重視發散的階段　　重視收斂的階段

用外行人的角度發揮創意　　用內行人的角度具體化

17 Tread-on 思維

思考能獲得兩種相反要素的方法

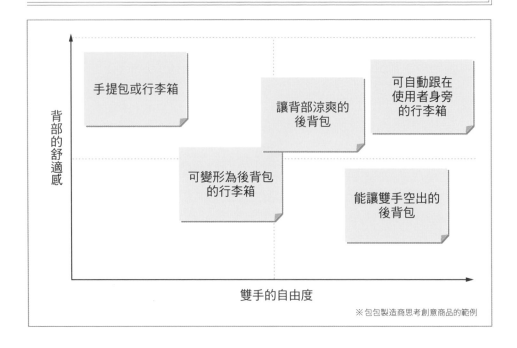

※包包製造商思考創意商品的範例

圖中節點：手提包或行李箱、讓背部涼爽的後背包、可自動跟在使用者身旁的行李箱、可變形為後背包的行李箱、能讓雙手空出的後背包

縱軸：背部的舒適感　橫軸：雙手的自由度

基本概要

　　為了得到某些事物而犧牲某些事物時，兩者的關係便稱為「tread-off」；典型的例子包括品質與成本、工作與私人時間等。而「tread-on 思維」則是突破「tread-off」，試圖讓兩種互相對立的要素同時成立的思考方式。

　　藉由思考如何達到一石二鳥，激發出前所未有的創意。

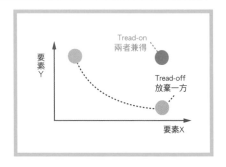

思考方法

❶ [思考想得到的事物]：以「搬運行李的工具」為例來思考，希望獲得的是「雙手的自由」，因此使用後背包而非手提包或行李箱。

❷ [思考必須犧牲的事物]：思考為了得到❶而必須犧牲或失去的事物。範例中，為了空出雙手而將行李揹在背後，但卻因此失去了背部的舒適感，在炎炎夏日可能會汗流浹背，相當不舒服。這時，「雙手的自由度」與「背部的舒適感」便可視為「tread-off」關係。

❸ [思考 tread-on]：列出 tread-off 的要素後，接著必須思考能兩者兼顧的方法，也就是「tread-on」的創意。在範例中，就是思考「能空出雙手，又能讓背部感到舒適的包包」。假如能實現 tread-on，便能激發出滿足需求的構想。

補充 處理 tread-off 的模式

處理 tread-off 時，除了 tread-on 思維之外，還有另外幾種模式，例如利用 tread-off 來確保競爭優勢的「切割」，或是「取得兩者平衡」等。而本書所強調的是，無論最終採用何種模式，都不該因為 tread-off 而停止思考，請試圖找出「突破」的方法。

促進思考的提示

找出身邊的 tread-off

想要有效率地應用 tread-on 思維，首先必須了解「tread-off 關係」。請試著找出日常生活中的 tread-off 關係，例如品質與成本、工作與私人時間、速度與正確性、風險與報酬等。若利用矩陣的 4 個象限來思考，會更加清楚。

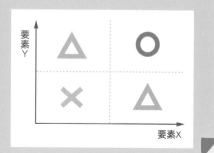

18 正和思維

思考讓雙方都能增加總和而非彼此爭奪的方法

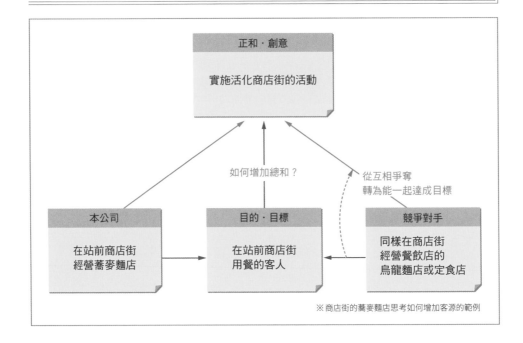

正和・創意

實施活化商店街的活動

如何增加總和？

從互相爭奪
轉為能一起達成目標

本公司

在站前商店街
經營蕎麥麵店

目的・目標

在站前商店街
用餐的客人

競爭對手

同樣在商店街
經營餐飲店的
烏龍麵店或定食店

※商店街的蕎麥麵店思考如何增加客源的範例

基本概要

在交涉或競爭中，若雙方利益加總為零，稱為零和（zero-sum）。在零和的狀態下，只要有一方獲得利益，就代表另一方蒙受損失，也就是一方存活、一方遭到淘汰的競爭關係。

相對地，總和不是零的狀態，則稱為「非零和」（non-zero-sum）；其中總和為正的狀態，稱為「正和」（plus-sum）。「正和思維」旨在找出增加整體總和，使全員獲得利益（雙贏）的方法，而非在有限的總和中互相爭奪。

正和思維的好處，就是能與在零和狀態中的對手攜手合作，建立夥伴關係。當彼此處於競爭立場時，請用比眼前的競爭更高一等的層次，來思考是否能找出共同目的或目標。

思考方法

1 [釐清公司的目的或目標]：釐清公司預定實行的企畫或策略中，第一步想做的是什麼、最終希望獲得什麼。例如，在商店街經營蕎麥麵店的公司，希望得到的就是在商店街用餐的客人。

2 [將競爭對手視覺化]：思考在實行**1**時，會出現什麼樣的競爭對手；這時必須思考的是擁有共同目的或目標的個人或組織。以商店街的蕎麥麵店為例，位在同一條商店街的烏龍麵店與定食店，便可能是競爭對手；也就是各餐廳為了獲得「在商店街用餐的客源」而互相競爭。

3 [思考能否提升總和]：思考增加競爭對象總和的方法。例如，應該思考「如何增加在商店街用餐的客人」，而非「如何搶奪在商店街用餐的客人」。重點是必須抱著一同提升總和、互相分享的態度，而不是互相搶奪有限的利益總和。正和思維的關鍵，在於設計出一個能和競爭對手朝著同一個方向努力的目的或目標。

4 [提出具體想法並執行]：提出具體行動的創意，也就是一同舉辦活化商店街的活動，吸引新客人，同時設置發送商店街優惠資訊的媒體，同心協力付諸實行。

促進思考的提示

同時用「分解」與「擴大」的觀點來看待市場

後述的行銷思維（參照→ **28** ）中也將提到，市場劃分可說是行銷的基本概念。然而若遵循這個方法，往往會疏忽將整個市場擴大的構想。在劃分市場的同時，也請別忘了還有擴大市場的觀點。

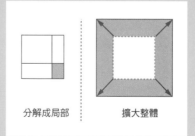

分解成局部　　擴大整體

19 辯證法
接受對立，思考第三個選項的思維

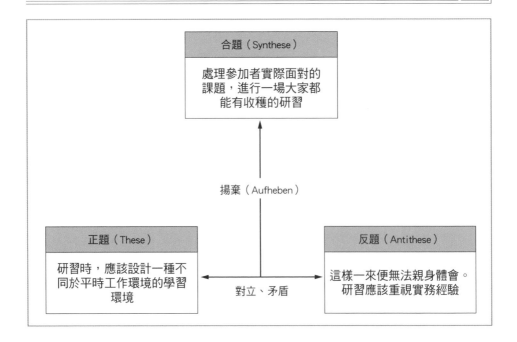

合題（Synthese）
處理參加者實際面對的
課題，進行一場大家都
能有收穫的研習

揚棄（Aufheben）

正題（These）
研習時，應該設計一種不
同於平時工作環境的學習
環境

對立、矛盾

反題（Antithese）
這樣一來便無法親身體會。
研習應該重視實務經驗

基本概要

　　「辯證法」是一種透過整合特定意見及相反意見，激發出更好創意的思維。一開始就存在且被視為正確的意見（命題），稱為「正題」（These）；與正題相對的意見（命題），稱為「反題」（Antithese）；而將正題與反題統整後產生的意見（命題），則稱為「合題」（Synthese）。

　　辯證法就是順著「正題→反題→合題」的順序思考，提出各種不同的點子，以激發出新的創意。這個順序一般稱為「正→反→合」，透過此步驟整合出想法的過程，稱為「揚棄」（Aufheben）。

　　除了用在個人使用的用途外，在與他人對話時，也是個有助於深入探討想法的思考方式。

思考方法

1 ［設定正題］：設定正題，也就是公認正確的意見。除了自己的意見之外，有時也可以將他人的意見設為正題。正題階段的特徵，就是意見仍屬於「自我（提出意見者）中心」。

2 ［思考反題］：思考與正題對立的意見或主張。這個階段最重要的心態，就是必須認知正題並非唯一答案，廣納不同意見。此步驟可說是透過自己與他人的不同，來了解自己。

3 ［思考合題］：整合正題與反題，思考更高層次的概念。否定雙方部分意見，同時運用雙方部分意見，將思考拓展到更高的層次。這並不是「非 A 即 B」的二擇一，而是思考出「包含 A 與 B，同時優於兩者的 C」。

補充 否定意見並非否定人格

在辯證法中，由於必須思考出對立的意見，因此勢必會出現否定別人意見的場面。在與他人的對話中使用辯證法時，最應注意的就是「否定的對象」。我們應該否定的是「意見」，而非陳述意見者的「人格」；而否定的目的是「找出雙贏的想法」，而非「贏過對方」。倘若混淆了這兩者，就會無法健全地進行對話與思考，請格外留意。

促進思考的提示

思考會持續深化

想出一個合題後，可能又會在這個層次遇到對立的意見或想法，也就是合題會變成一個新的正題。而更進一步探討新正題與新反題之間的對立或矛盾能深化思考，逐漸形成創意。

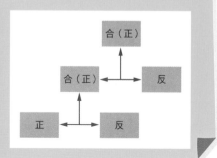

20 故事思維

掌握事物變化的連續性，將思考具體化

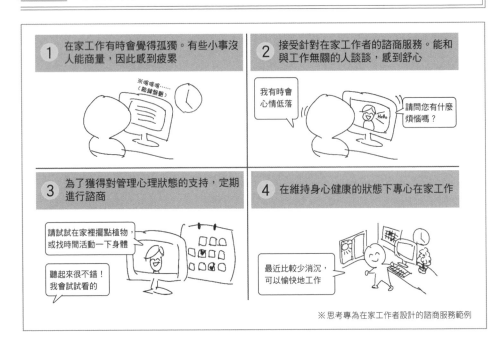

① 在家工作有時會覺得孤獨。有些小事沒人能商量，因此感到疲累

② 接受針對在家工作者的諮商服務。能和與工作無關的人談談，感到舒心

③ 為了獲得對管理心理狀態的支持，定期進行諮商

④ 在維持身心健康的狀態下專心在家工作

※ 思考專為在家工作者設計的諮商服務範例

基本概要

「故事思維」是將事情視為一連串的故事，並加以思考、呈現的思維架構，將解決問題或使用者經驗等的整體流程或部分場景連續性地視覺化。

用故事來思考，可以具體呈現出現場的氛圍，有助掌握時間變化的因果關係，同時便於向他人傳達資訊，引起共鳴，也不容易忘記。

在激發創意時運用故事概念的方法，還包括「分鏡圖」（story board）（如上圖）。利用分鏡圖將出場人物的言行等要素濃縮在一個互相串連的流程中，可幫助理解創意，並促進創意延伸。

思考方法

1 ［確認創意］：確認主題是為了解決什麼問題、用什麼方法解決的創意。若是站在顧客的角度思考，請確認顧客藉由使用該商品或服務，可以體驗什麼樣的價值。左頁範例中的創意，是為了緩和在家工作者的孤獨和壓力而推出的線上諮商服務。

2 ［將出場人物與價值體驗的流程化為文字］：將在**1**確定的創意中出現的人物及其言行化為文字。請特別留意以下的重點，分別加以整理。
- ・出場人物有誰？（主角是誰？）
- ・面臨什麼問題？（為什麼而煩惱？希望得到什麼？）
- ・要如何解決該問題？
- ・問題解決後，出場人物會變成怎樣？

3 ［製作分鏡圖］：將解決問題的步驟（顧客體驗服務價值的流程）化為文字後，畫出主要場景，並整理成一個故事。範例的分鏡圖以四格方式呈現。

4 ［分享故事並進行微調］：將完成的故事與他人共享，聽取客觀的感想或意見。根據在製作故事過程中的感受、從完成的故事中發現的事物，以及他人的反應，調整創意。

促進思考的提示

學習呈現故事的技巧

　　故事思維是一種透過故事呈現來激發創意的思考方式，因此必須先學會呈現故事的方法。除了本書舉例的四格漫畫形式，還有影片、連環畫劇、短劇等各種手法。請找到一個適合自己的方法，多加練習，直到能運用自如。

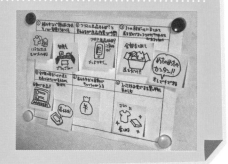

21 二軸思維
利用兩個變數俯瞰全局

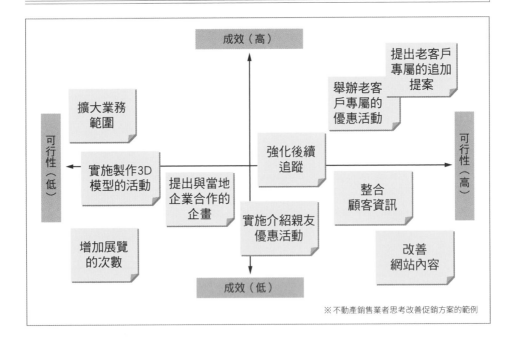

成效（高）

提出老客戶
專屬的追加
提案

舉辦老客
戶專屬的
優惠活動

擴大業務
範圍

可行性（低）

實施製作3D
模型的活動

提出與當地
企業合作的
企畫

強化後續
追蹤

可行性（高）

整合
顧客資訊

實施介紹親友
優惠活動

增加展覽
的次數

改善
網站內容

成效（低）

※不動產銷售業者思考改善促銷方案的範例

基本概要

　　「二軸思維」是以兩個變數作為軸，以整理或理解資訊、激發創意的思考方式。能將豐富的資訊整理得簡單扼要，同時能俯瞰整體，是這個思維最大的優點。

　　二軸思維的特徵，是利用兩個軸，像地圖一樣以「面」來掌握全貌，而非以「點」來看待事物。不但可以整理發散後的創意，再透過俯瞰來促進收斂性的思考，將思考的偏頗狀況視覺化，更具備「支援發想」的功能，有助思考不周的領域更趨完備。

　　本書以利用雙軸劃分出四個象限來思考的方法——「報酬矩陣」（Payoff Matrix）為例，來介紹二軸思維；報酬矩陣是一種以成效與可行性為兩軸來評比創意的方法。

思考方法

1 [列出點子]：根據課題蒐集資訊，準備各種點子，一開始可以自由發揮。左頁範例是不動產銷售業者針對促銷方案的改善進行創意發想。

2 [繪製矩陣]：逐一思考發散後點子的「成效」與「可行性」，並將其填入對應的象限。本書採用報酬矩陣，因此將雙軸設定為成效與可行性，但也可依照目的設定其他的軸。請試著在列出的創意中找出共通點，留意較重要或令人印象深刻的要素，將其設定為軸。以下是在商務場合中經常設定為軸的範例。

例 **軸的設定方式**

成效╳可行性	用成效與可行性作為雙軸來評比選項，找出成效與可行性皆高的策略
傳播媒介╳性質	以網路 ⇔ 實體╳實際利益 ⇔ 情感等來考慮策略的訴求方法
報酬╳風險	以能得到的利益與發生危險的可能性為雙軸，來決定應採取的策略
重要性╳急迫性	以重要性與急迫性作為雙軸來評比選項，在整理課題的時候也能派上用場

3 [評比、選擇、延伸]：俯瞰繪製完成的矩陣全貌，進行評比與選擇。請將成效與可行性皆高的點子加以具體化，或把可行性低但成效高的點子加以延伸，藉此拓展思考。

促進思考的提示

思考每一個象限的特徵

　使用雙軸、四象限來思考時的重點，就是掌握四個象限分別具有什麼樣的特徵。

　特徵會因為軸的不同而異，因此設定分類具意義、較方便思考必要行動的軸，便更顯重要。

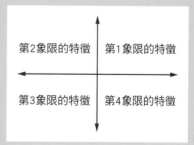

22 圖解思維
用圖來思考事物的關聯性

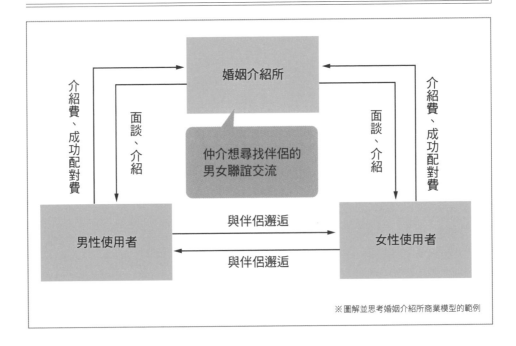

※圖解並思考婚姻介紹所商業模型的範例

基本概要

　　「圖解思維」是透過繪圖，簡化資訊間複雜關係的思考方式。圖解的魅力在於能輕鬆掌握要素之間單靠文字仍難以理解的關聯性。

　　圖解思維的關鍵是「抽象化」與「模式化」。抽象化有助理解與呈現複雜事物的全貌與要點，模式化則讓我們更容易透過具有類似問題的事例，找到有助思考解決方案的提示。

　　除了創意的發散與收斂外，圖解思維也適合簡報、企畫提案等各種場合。上圖為圖解婚姻介紹所的功能。

思考方法

1 ［列出組成圖的各個部分］：寫下有關思考對象的局部資訊，再加以組合、繪製成圖。重要的是，必須從豐富的資訊當中篩選出有助於呈現全貌的要素。

2 ［整理彼此的關聯］：思考各部分的關聯性並加以整理，例如有什麼被交換了、一方是否從屬或包括另一方，或是呈現對立狀態等。

3 ［以圖呈現］：圖解各部分的關聯性。完成後，再以從圖中獲得的靈感為基礎，進一步調整創意。圖解的呈現方法並沒有絕對的規則，不過若能熟悉以下較具代表的呈現方法，運用圖解思維時便會更順暢。

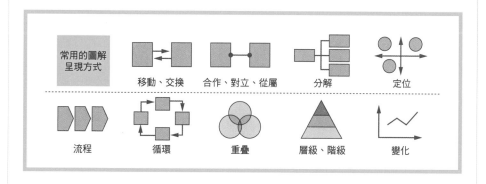

促進思考的提示

請先熟悉如何運用方形與線段

圖解思維的基本，就是懂得利用四角形和線段來呈現要素與要素之間的關係。

將人事物等要素以方形表示，再利用箭頭表示在各要素之間移動、交換的事物。現在就試試你能不能利用圖解來呈現身邊事物的關聯性吧。

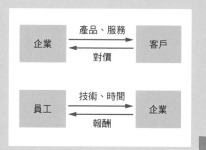

第2章練習❶

第2章介紹的水平思維（參照→ **13**）並不是像邏輯性思維一樣的直線思考，而是一種充滿跳躍性與延伸性的思維；若想擁有豐富的創意，請務必熟悉這個思維。

水平思維的解說頁面是以吹風機為思考對象舉例，以下將介紹常用於商務場合的水平思維切入點。

首先以邏輯分解要素

實際運用水平思維時的重點，就是必須先分解思考對象，再試著將分解後的要素一一以水平方向移動。

以自己公司產品為主題進行水平思維時，也可以著眼於行銷要素，例如可將產品分解為「對象」（市場）、「提供的商品」（產品／服務）、「提供方式」等。請試著從不同角度切入，套用水平思維。

Exercise

將水平思維應用在商品（產品・服務）上

現在，我們試著在產品、服務上運用水平思維的概念。假設我們經營一間以喜歡重訓或運動的顧客為對象的健身中心。

首先可以試著把健身中心，也就是「可健身的環境」這個要素水平移動至「可健身的環境＋可使用電腦的空間」。

這麼一來，便能提出「也許可以滿足想找一個適合工作的空間，又因為長期坐在電腦前而運動不足者的需求」的假設。以此為起點，便能思考出具體的創意。

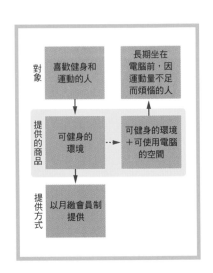

將水平思維應用在對象（市場）上

接著，我們改以市場為著眼點。假設有一名畫科幻漫畫的創作者，創作的目的是提供娛樂素材。

假如將以娛樂為主要訴求的現有市場，水平移動為「以學習為主要訴求」，那漫畫的作畫技巧就會隨之改變。

「為想學習科學的人而畫的漫畫」便成為起點，接著具體發展成能將艱澀書籍解釋得簡單易懂的「用漫畫學科學」教科書等點子。

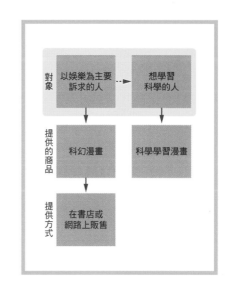

將水平思維應用在提供方式上

第 3 個著眼點，就是販售商品的方法。假設我們經營一家咖啡廳，提供咖啡與舒適的空間給想讀書或工作的人。一般咖啡廳大多替每一款產品設定不同的價格。

若將思考水平移動，將咖啡費用計算方式改為包月制，便能發展為「每個月付出固定金額，就能盡情暢飲咖啡，上限 30 杯」之類的創意。如上所示，即使不改變對象與提供的商品，也能透過水平思維獲得新創意。

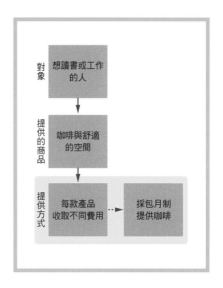

第2章練習 ❷

接下來要練習的是類推思維（參照→ **12** ）。類推思維可應用在各種場景，也可輕鬆與本書介紹的其他思維並用，是一種相當重要的思維。請多方嘗試不同的組合，掌握應用的概念吧。

將各種要素設定為基礎領域，進行練習

想靈活運用類推思維，關鍵在於能否將遠離目標領域的要素，設定為基礎領域。假如目標領域是「烏龍麵店」，便可從「食物」這個大範圍開始類推，思考「法國料理餐廳」或「壽司店」，而非只想到同屬於「麵類」的「蕎麥麵店」、「拉麵店」等。

亦可著眼於「形狀細長」這個特徵，試試看能否從「鉛筆」或「電源線」獲得靈感。

練習的最後，列出了可設定為基礎領域的要素範例。請試著從乍看之下毫無關聯的事物中找出相似性，激發創意靈感。

從事物的特徵進行類推

思考身旁常見的物品或生物具備的特徵，找出能運用於自身課題的要素。例如，在思考專案團隊的運作時，若將基礎領域設定為「腳踏車」，可以聯想到什麼呢？

團隊和腳踏車的共通點就是「前進」；而腳踏車在前進時，必須由前後兩輪各自分擔不同的功能（前輪負責改變方向，後輪負責提供動力）。若著眼於這個特徵，便可發展出將團隊扮演的角色分為「在現場鼓舞團隊、帶領團隊前進」以及「掌握全局、調整進度」的創意。

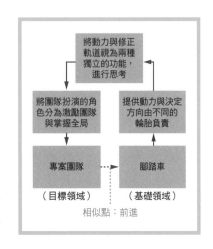

從異業進行類推

在思考產品、服務與商務方面的問題解決方案時，從異業獲得靈感，也是類推思維最具代表性的運用方法之一。

假設你的公司正準備推出旅行相關服務，這時正好看到一款能分享讀書心得的讀書紀錄 App，便開始思考是否能將讀書置換為旅行。

當思考愈來愈僵化，請試著將目光轉向不同於自己所屬業界的其他業界。尤其是在傳統與數位、B2C 與 B2B 模式之間轉換思考，應更容易得到嶄新的觀點。

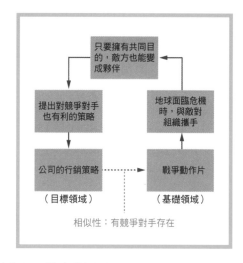

從故事進行類推

從故事進行類推，也是適用於工作場合的方法。除了從競爭對手的發展故事獲得靈感之外，電影或小說所描繪的故事，也可以成為類推的對象。

假設電影中有兩個敵對的組織，在地球面臨迫切的危機時，竟願意攜手合作，我們便可思考能從中學到什麼。

在打造合作關係的過程中，雙方採取了什麼樣的行動？如何溝通？花了哪些心思？我們可以把焦點放在「流程」上，尋找創意靈感。

從國外先發生的事例進行類推

商務場合中常見的類推思維，就是參考國外的先例。假設某事物因為時差的關係，先在國外執行，現在才要進入日本，因此必須擬定對策。

假如事例是國外平台的規定變得更嚴格，便可以類推出不久之後，日本平台的規定也會變得更嚴格。如此一來，公司便必須重新審視影片內容製作的方針。

請試著從地理位置或時間軸不同的地方獲得靈感。

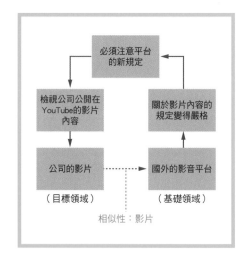

將自己的點子傳達給他人，並進行類推

上述的例子，都是以外部資訊為基礎領域，將資訊納入內部的「input」範例。不過，類推的思考方式不只適用於將資訊帶入內部，在向他人傳遞資訊的「output」情境下，也很適合。

例如，想對新進員工傳達企畫技巧時，便可以用「烹飪」這種日常生活中熟悉的話題來幫助對方理解。

在傳達創意或產品時，可以考慮用對方熟悉的領域來舉例。

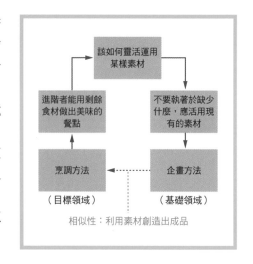

從各種事物中尋找靈感

利用類推思維，便能從萬物中獲得解決問題的線索。然而這樣的能力並非唾手可得，我們必須在日常生活及工作中，培養從不同事物獲取靈感的習慣。

以下列出基礎領域的關鍵字範例，若有覺得派得上用場的關鍵字，就請挑選出來，想想看能否應用在自己面對的課題上。請寫下與關鍵字相關的有趣經驗或要素，思考自己為什麼覺得它有趣，再加以應用。

若有覺得便利的點，則思考自己為什麼覺得便利；若認為那是問題，便思考那是什麼樣的問題。在腦中描繪出構圖，找出能在自己面對的課題（目標領域）中應用的要素。

烹飪／打掃／帶孩子／生孩子／洗澡／電影／漫畫／尖峰時段／鬧鐘／微波爐／信用卡／遊戲／拼圖／猜謎／棒球／足球／柔道／劍道／馬拉松接力／奧運／服裝換季／斑馬線／電梯／作曲／出版／日本／美國／中國／貿易／國會／學校／教育／公司／軍隊／審判／鳥／魚／昆蟲／蛻皮／冰河期／溫室效應／所得差距／長照問題／文明病／工作與生活的平衡／社交媒體／廣播／電視／電動牙刷／雙層床／折疊腳踏車／搬家／挑家具／圓桌／延長線／購物網站／購物中心／圖書館／餐飲店／車站／高速公路／自動販賣機／加油站／便利商店／醫院／統計學／生物學／經濟學／哲學／農業／工業／服務業／零售業／工程師／會計師／司儀／藝術家／醫師／泡沫經濟瓦解／鎖國／居酒屋／餐廳／外送披薩／迴轉壽司／舊書店／章魚燒／漢堡排／高麗菜捲／新年／婚禮／聖誕節／萬聖節等

專欄 | 「開放式問題」與「封閉式問題」

　　抱持各式各樣的問題（觀點），是培養豐富思考能力的關鍵。本書是介紹思維的書籍，同時也是拋出問題，促進你思考的書籍。

　　「開放式問題」與「封閉式問題」，正是有助於激發創意的疑問；這個概念與本章一開始介紹的「發散與收斂」也有密不可分的關係。

開放式問題

　　所謂開放式問題，就是沒有標準答案、可自由回答的問題，例如「你認為什麼樣的影片才能讓 10 至 19 歲的使用者產生共鳴？」、「你認為什麼樣的網頁內容才有趣？」等。這種類型的問題適合運用在發散的階段。

封閉式問題

　　封閉式問題，則是是非題或選項固定的單選題等答案受限的問題，例如「你認為男性美容市場未來會擴大嗎？」、「你認為現在最應該投注心力的，是經濟、科技還是藝術？」或是「目前出現的創意中，你認為最有魅力的是哪一個？」封閉式問題適合運用在收斂的階段。

重複開放與封閉

　　只要反覆提出開放式與封閉式問題，便能淬鍊出更棒的創意。透過開放式問題讓創意發散，再藉由封閉式問題收斂思考，如此一來，就能提升思考的品質。請記得善加運用這兩種形式的問題來發揮創意，尤其是當整個團隊一起腦力激盪時，更應該對這兩種問題的差異具有共識，並能自由區分應用。

第 **3** 章

提升商業思考力

提升商業思考力

　　本章將介紹適合活用於尋找商業創意、準備創立新事業以及思考新產品‧新服務時的思維。

何謂「思考商業創意」

　　世上充滿形形色色的「煩惱」，而提供產品和服務來解決這些煩惱，同時獲得相對的報償，這就是商業的基礎。所謂商業創意，便是思考「助人的方法」，也就是解決顧客的問題。思考時，必須從「如何解決」、「誰的」、「什麼課題（煩惱或需求）」等觀點出發。

從現有的商業活動獲取靈感

　　思考如何解決某人的某個課題──說來簡單，但真正開始思考，才發現並不容易。當思考陷入瓶頸時，請先想想看世上有哪些商業活動吧。

　　例如，針對因為沒空做家事而感到困擾的人推出的「到府清潔服務」；針對總是得花很多心思才能買到左撇子專用品的人推出的「左撇子用品專賣店」。請試著透過「如何解決」、「誰的」、「什麼課題」這三個濾鏡，重新觀察你的日常生活。如此一來，各位對他人的煩惱或希望的敏銳度便會提升，也就更容易激發商業創意了。

了解他人、觀察他人

　　為了決定應該解決誰的課題，首先必須先了解他人。為此，更必須觀察他人。本章介紹的「需求思維」和「設計思維」，正是透過觀察他人來激發創意的思維。請著眼於對方言行背後的原因，培養觀察力，以利想像表面看不見的部分。

如何將商業創意具體化

找出客戶所面臨的課題後，接著必須思考該如何提出解決該課題的方案。這時必須具備的觀點很多，而在本書介紹的思維中，又以商業模型、行銷、策略等關鍵字最為重要。

要讓一項商業成立，就必須打造一個能持續獲益的架構，因此除了了解客戶之外，更必須在競爭對手環視之下發揮自己的優勢。讓我們一起在本章鍛鍊商業思考力，使創意具體實現。

將任務、願景和價值化為文字

在市場上推出產品或服務，並展開商業活動時，必須注重「任務（Mission）、願景（Vision）、價值（Value）」。任務是指存在的意義或目的，也就是「為了什麼進行這項事業」；願景是一種想像或理想，也就是「以什麼樣的未來為目標」；價值則表示站在組織的立場，為了實現任務和願景所重視的價值觀與行動方針。

商業並非一種單純追求利益的活動，對社會或經營該事業的成員來說是否具有意義，也十分重要。

例如，認同「成為該地區程式設計課程業界的No.1」這個目標的族群，與認同「透過程式設計課程，培養能在國際上接受挑戰的人才」這個目標的族群，想必截然不同。深入思考為什麼要經營這個事業，並化為文字，不但能讓顧客清楚認識這項產品、服務，更能促進合作夥伴與員工凝聚共識。

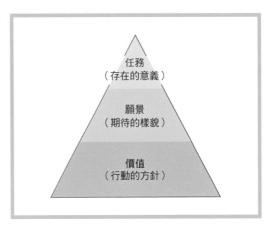

23 價值提供思維

思考能提供什麼樣的價值

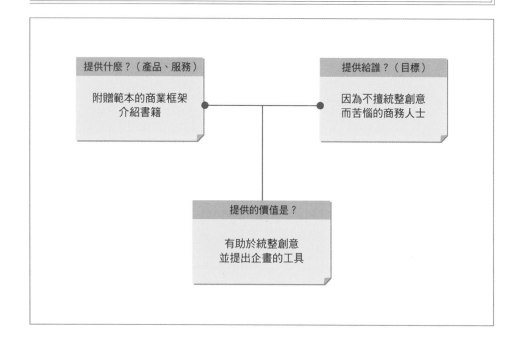

提供什麼？（產品、服務）

附贈範本的商業框架
介紹書籍

提供給誰？（目標）

因為不擅統整創意
而苦惱的商務人士

提供的價值是？

有助於統整創意
並提出企畫的工具

基本概要

　　「價值提供思維」聚焦在產品或服務所提供的價值上，並進行深入探討的思考方式。所謂思考「價值」，也可說是思考能助人、令人開心，或是替人減低痛苦的方法。此時最重要的疑問是：「我（的產品／服務）想要幫助誰？怎麼幫？」這個疑問將成為思考商業創意時的核心。請重新檢視自己公司提供的產品、服務，或正準備製作的東西，能為誰帶來幸福。

　　在接下來要介紹的商業模式思維（參照→ **27** ）裡，還會加上有助於長期穩定提供上述價值的觀點。此外，還有適用於實際檢視產品・服務時，從顧客的煩惱作為出發點來思考的需求思維（參照→ **25** ），以及從公司強項來思考的種子思維（參照→ **24** ）等，接下來也都會逐一說明。

思考方法

1 [思考欲提供的事物]：從目前已提供的產品、服務或未來即將提供的產品、服務中挑選出思考的對象，接著寫下其所具備的功能與特徵。例如在左頁範例中，「介紹商業框架」是功能，「附贈範本」則是特徵。

2 [思考顧客]：釐清想提供產品、服務的對象，思考顧客是誰、抱有什麼煩惱。思考課題時的切入點有二點，第一是顧客的「希望」，第二是顧客的「困擾」。在範例中，我們將「因不擅統整創意而苦惱的商務人士」設定為價值提供的對象。

3 [思考價值]：思考藉由產品、服務提供給顧客的價值；思考的重點，就是如何解決在 **2** 得知的顧客所面對的課題。根據在 **1** 列出的產品、服務的功能與特徵，應該能帶給顧客某種變化。促成變化的事物，便是價值。在左頁範例中，能帶來「藉由敏銳的思考，讓企畫案不斷過關」這種變化的「有助於統整創意並提出企畫的工具」，就是價值。

4 [思考產品/服務的樣貌]：確定欲提供的價值後，下一步必須思考產品或服務的樣貌，找出最適切的型態與內容。假如範例中的價值是「學會提出企畫案」，便可延伸出「提供企畫書的格式或範例作為附加價值」等創意。

促進思考的提示

思考價值體驗的 Before 和 After

在思考未來將提供的價值時，需注重顧客在體驗該商品或服務之前和之後有什麼不同（差距）。

請思考顧客在體驗了公司所提供的產品·服務之後，出現了什麼樣改變。

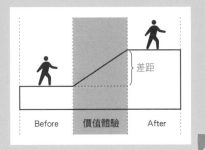

<table>
<tr><td>24</td><td colspan="2">種子思維
以手中握有的資源與強項為出發點,思考其能創造的價值</td></tr>
</table>

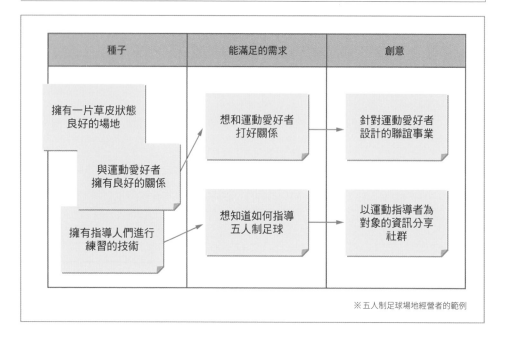

種子	能滿足的需求	創意
擁有一片草皮狀態良好的場地	想和運動愛好者打好關係	針對運動愛好者設計的聯誼事業
與運動愛好者擁有良好的關係		
擁有指導人們進行練習的技術	想知道如何指導五人制足球	以運動指導者為對象的資訊分享社群

※五人制足球場地經營者的範例

基本概要

　　「種子思維」是一種善用手中的資源或優勢創造價值的思考方式,常和以顧客的需求為出發點的「需求思維」(參照→**25**)搭配使用。

　　種子思維的重點,是要時常問自己:「該如何運用手中的資源?」進而思考透過自己的技術、能力、知識、設備,可以解決什麼問題、對大眾有什麼貢獻。而想了解他人的煩惱或課題所需要的思維,則是下一單元即將介紹的需求思維。

　　種子思維是與需求思維搭配成對的思考方式,兩者之間並無優劣之分。因為若無法明確掌握需求,便無法創造價值;同樣地,若無法適切地運用手中的「種子」,也無法創造出價值。請交互使用以「種子」與「需求」為出發點的思考方式。

思考方法

1 [將資源視覺化]：將目前手中握有的「種子」，也就是資源與優勢化為文字。「種子」一詞雖然多指技術層面，但請不用受限於此，參考下列項目，找出自己公司的資源和優勢。另外，有些要素是靠自己無法察覺的，因此請第三者站在客觀的角度協助找出種子，也是一個好方法。

人才	本公司擁有具備什麼技術與經驗的人才？
技術開發	擁有什麼樣的技術或設備？
資金調度	在資金或資金調度方面是否具有優勢？
製造	在製造技術、設備、操作系統等方面是否有經驗？
通路	通路或合作夥伴是否具有優勢？
企劃	是否擁有獨特的企畫技巧或擅長的企畫模式？
銷售	擁有什麼樣的銷售管道與宣傳能力？
服務	在客戶服務或溝通上擁有什麼樣的技術與經驗？

2 [思考能滿足的需求]：思考手中的種子能滿足什麼樣的需求。思考時，可以透過提問來篩選出自己能滿足的需求，如：「能否滿足不同於以往種子與需求組合的新需求？」、「如果世上存在這樣的需求，公司是否能提供自己的種子？」**2**

3 [發揮創意]：思考為滿足**2**的需求，該如何應用手中的種子。

促進思考的提示

頭腦打結的時候，就把想法拋出來

倘若在組織邏輯時遇到瓶頸，就請具體輸出想法，而不要只是在腦中思考。試圖將想法傳達給別人時，就必須釐清邏輯，才能讓對方理解。在說話或撰寫文章的過程中，我們可以掌握原先模糊不清的部分，進而促進邏輯思考。

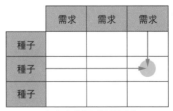

在交會的格子尋找靈感

25 需求思維

以顧客的需求為出發點，思考能創造的價值

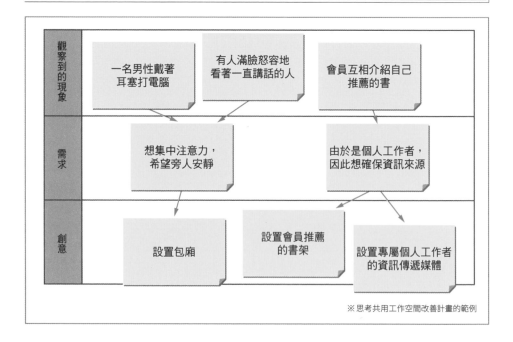

※思考共用工作空間改善計畫的範例

基本概要

「需求思維」是清楚了解顧客的需求（煩惱或願望），並以此為出發點發揮創意的思考方式。掌握顧客為了什麼事而煩惱、希望達成什麼樣的願望，進一步思考能滿足其需求的點子。常和以自己擁有的資源及強項為出發點進行思考的「種子思維」（參照→ 24 ）搭配使用。

在實踐需求思維時，首先必須仔細觀察顧客，並深入理解其需求。除了直接從顧客的言行舉止就能掌握的需求之外，挖出顧客下意識裡的「潛在需求」也相當重要。在解決問題時，愈能理解深層的需求，就愈能激發富有革命性的創意。

思考方法

1 [觀察行動]：觀察顧客，從言行舉止中蒐集資訊。觀察時，首要之務就是詳實紀錄；紀錄時應重視「什麼」（What）和「如何」（How），觀察並分析顧客的具體行動。

2 [思考需求]：從觀察到的現象來思考顧客可能的需求。相對於觀察時需要重視「什麼」（What）與「如何」（How），思考需求時的關鍵則在於「為何」（Why）。請找出顧客言行的背後，藏著什麼樣的需求、情緒和意義。

> **補充** 顯性需求與潛在需求
>
> 需求可分為顧客本身對自己的需求有自覺的「顯性需求」，和顧客本身尚未察覺的「潛在需求」。例如，在「想買書」這個顯性需求的背後，可以推測出「想在職場上有所表現」、「不想跟社會脫節」等更深層的潛在需求。

3 [透過提問找出需求]：至於無法透過觀察得知的需求，則可透過對顧客提問，再加以分析；透過訪問、問卷調查或團體訪談等了解需求。可直接問：「您現在有什麼困擾？」也可以透過假設性的問題來深入挖掘對方的需求，如：「假如有這種功能，您覺得方便嗎？」

4 [思考滿足需求的方法]：將需求視覺化之後，再思考能滿足此需求的創意。

促進思考的提示

培養想像力，推測看不見的背後藏著什麼

想實際應用需求思維，就必須懂得思考事情看不見的背後藏著什麼。除了思考產品或服務的創意之外，在日常生活的溝通上，這個能力也能派上用場。請仔細思索對方言行的背後，究竟藏著什麼期待或願望吧。

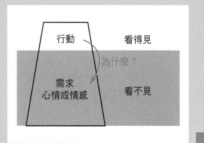

26 設計思維

利用設計師的思考模式，掌握需求並激發創意

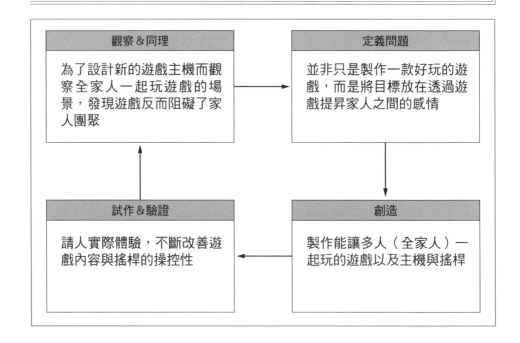

| 觀察&同理 |
| 為了設計新的遊戲主機而觀察全家人一起玩遊戲的場景，發現遊戲反而阻礙了家人團聚 |

| 定義問題 |
| 並非只是製作一款好玩的遊戲，而是將目標放在透過遊戲提昇家人之間的感情 |

| 試作&驗證 |
| 請人實際體驗，不斷改善遊戲內容與搖桿的操控性 |

| 創造 |
| 製作能讓多人（全家人）一起玩的遊戲以及主機與搖桿 |

基本概要

　　「設計思維」是利用設計師的思考模式與觀點，準確掌握顧客的需求，進而創造價值的思考方式。除了物品的形狀與功能外，更可將使用者的「體驗」設計成更理想的型態，以解決問題。

　　從策略理論進行邏輯性思考，只適用於有明確需求的狀況；若想在瞬息萬變的環境發現新需求，則略嫌不足。相對地，親自到現場觀察顧客，探究連顧客本身都沒察覺的深層需求，並試著發揮創意來滿足其需求，則是設計思維的特徵。接下來將以四個步驟來說明設計思維的思考方法。

思考方法

1 ［觀察並同理顧客］：仔細觀察顧客的體驗，深入理解，並盡力同理其背後的想法與情緒。可藉由行動觀察與訪談，或是自己也去親身體驗一次，以掌握顧客潛在的深層需求。

2 ［定義問題］：整理透過同理所掌握的使用者需求，決定要解決的問題，也就是思考應該聚焦在什麼地方。在定義問題的同時，請思索當問題解決，顧客是否會變得幸福或快樂？

3 ［提出創意］：定義問題後，接著必須想出解決問題所需的創意。發揮創意時首要重視的是創意的數量。並非從既有的框架中評選出最符合效益的點子，而應該將可能性發揮到極致。

4 ［製作試作品進行驗證］：製作試作品（prototype），以具體落實創意。這個步驟是將創意化為肉眼可見、雙手可觸的型態；製作試作品的目的，包括激發靈感、加深共鳴，以及驗證創意是否合宜。確認試作品在顧客的生活中是否順利發揮功能，以獲得的回饋為基礎，繼續修正創意。製作試作品時，不需要強求一次就做到 100%，而是盡快製作一個雛型，再逐步改善。

促進思考的提示

需求的探究與創意的實現

設計思維能幫助我們掌握需求、發揮創意，同時注重人（對大眾是否有價）、技術（利用什麼技術實現）、經濟（能否成為持續性的事業）等三項要素。澈底地找出顧客的需求，並知道該如何實現，也是極為重要的能力。

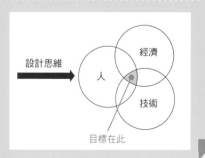

27 商業模式思維
思考能持續提供價值的架構

KP 關鍵合作夥伴	KA 關鍵活動	VP 價值主張	CR 客戶關係	CS 目標客群
能協助托育，有專業托育經驗的人／有帶孩子經驗的人 經營托育相關事業的企業、組織或設施等	共用工作空間的環境整理、營運 **KR 關鍵資源** 共用工作空間的設備、營運知識	附設兒童遊戲室的共用工作空間 有專業托育人員常駐，工作時可以安心托兒	一起使育兒生活更豐富的社群 **CH 通路** 網路廣告 到媽媽社群推廣	煩惱想工作卻因為帶孩子使時間變得零碎的女性 想工作，卻對育兒方式感到不安心的家長

C$ 成本結構	R$ 收益流
共用工作空間的管理成本 專業托育人員的人事費	使用共用工作空間：8000元／月 使用兒童遊戲室：＋4000元／月 ※採登記制，不可單次使用

The Business Model Canvas
©Strategyzer(https://strategyzer.com)
Designed by Strategyzer AG

※附設兒童遊戲室的共用工作空間的商業模式

基本概要

　　「商業模式思維」（business model）能幫助我們找出持續為顧客提供價值所需的架構。有時即使擁有能提供給顧客的價值，若無法持續創造並提供，便會淪為曇花一現。重點在於除了「要用什麼方法、把什麼樣的價值傳達給誰」之外，同時也必須擁有思考「該如何製造持續提供價值所需的資源流向」的觀點。

　　有助於思考對顧客提供價值時必備的要素，理解商業模式的框架，稱為「商業模式圖」（Business Model Canvas）（上圖）。商業模式的思維種類繁多，而這裡介紹的商業模式圖，是一種能輕鬆將創意發展為事業的思考方式。

思考方法

1 [整理資訊]：整理思考商業模式的基礎，也就是思考要對誰提供什麼樣的價值。商業模式圖會藉由思考以下 9 種要素，來理解、構築商業模式。

目標客群（CS）	顧客是誰？主要與有什麼需求的顧客群接觸？
價值主張（VP）	為了解決顧客的問題或課題，能提供什麼價值？
通路（CH）	提供價值所需的溝通、行銷、通路要怎麼辦？
客戶關係（CR）	要與顧客打造什麼樣的關係？
收益流（R$）	提供價值後，將如何獲得收益或報酬？
關鍵資源（KR）	提供價值所需的資源（人／物／資金／資訊等）為何？
關鍵活動（KA）	主要需要什麼樣的活動？
關鍵合作夥伴（KP）	為滿足活動或資源，必須優先與什麼樣的單位合作？
成本結構（C$）	在營運過程中會產生什麼樣的金錢成本？

2 [推敲創意]：整理上述要素後，提出能實現持續性價值提供所需架構的創意。從眾多創意中挑選出最好的一個，深入探討，整理成一個商業模式。

3 [執行、改善]：執行整理好的商業模式，檢查是否如預期般發揮功能。持續改善，以其實現更完善的商業模式。

促進思考的提示

必須掌握的 3 個觀點

利用商業模式思維進行思考時，首先必須注意的 3 個要點是「對誰提供價值」、「提供什麼價值」以及「如何獲得持續性的收益」。

上述 3 點，相當於商業模式圖裡的 CS、VP 與 RS。在創意發想時，請聚焦於這些要點，再進行思考。

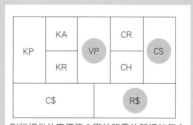

對誰提供什麼價值？獲益所需的架構如何？

28 行銷思維

創造正確的價值並準確傳遞

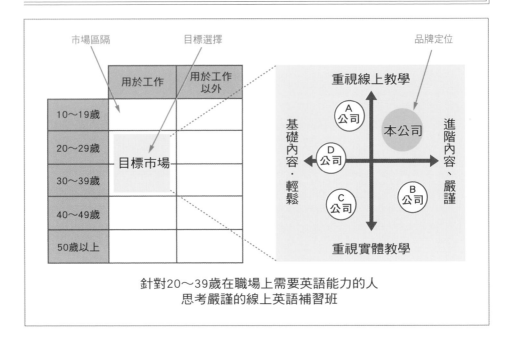

針對20～39歲在職場上需要英語能力的人
思考嚴謹的線上英語補習班

基本概要

行銷意指了解消費者的需求，並為了滿足該需求而創造、傳遞、提供價值，以獲得並培養顧客的技術。

誰具有什麼樣的需求？能滿足其需求的產品‧服務是什麼？——思考提供這個服務所需的傳達設計，就是「行銷思維」。商業模式思維（參照 → **27**）的特徵是思考「對誰」、「用什麼樣的獲益結構」、「提供什麼」；而行銷思維除了重視「對誰」、「提供什麼」之外，更會思考「如何提升關聯性」。

接下來將說明行銷的基礎，也就是從市場研究到市場劃分、市場選擇與自身定位的設計—— 4P 設計（行銷組合，Marketing Mix）。

思考方法

1 [進行環境調查]：蒐集資訊、進行分析，以利深入了解市場。以針對顧客（Customer）、競爭對手（Competitor）、自身公司（Company）進行調查的「3C」為基礎，分析市場的動向以及各公司的優勢與策略。

2 [思考市場劃分]：定義即將投入的市場，並加以劃分。所謂市場，是指擁有共同需求的團體；劃分市場時，一般以地理變數、人口變數、心理變數、行動變數等作為基準。

3 [思考目標（選擇目標市場）]：從劃分後的市場區塊中選定作為目標的市場。挑選時，可用市場規模（Realistic Scale）、市場成長性（Rate of Growth）、競爭狀況（Rival）、優先順序（Rank）、可達成性（Reach）、反應可測性（Response）等作為指標。

4 [思考定位（將定位明確化）]：思考在已鎖定的市場中，以什麼樣的定位推出產品／服務、透過什麼樣的特色讓顧客認識這項產品，例如「便宜」、「高級」、「高品質」、「永遠走在時代尖端」等。

5 [設計 4P（行銷組合）]：以**1**～**4**為基礎，思考要推出什麼樣的產品‧服務以及如何進行溝通。具體而言，應針對產品（Product）、價格（Price）、通路（Place）、促銷（Promotion）的內容與組合進行思考。

促進思考的提示

比較同業間的 4P

　請試著比較自己公司的 4P 與競爭對手公司的 4P，確認彼此間的差異。每一間公司的 4P，一定都有其意義。掌握彼此的不同，並考量其選擇目標與定位時背後的策略和意圖，再決定自己的行銷策略。

	本公司	競爭對手 A	競爭對手 B
產品			
價格			
通路			
促銷			

29 策略性思維
以宏觀角度思考達成目標的方法

		策略優勢	
		顧客認同的差異性	低成本
策略目標	整體業界	提出飲食╳藝術的概念。重視店內的裝潢、餐具與音樂，追求「美」（差異化策略）	將產品或服務程序澈底系統化，實現低成本化（成本領導策略）
	特定客群	開設店面，鎖定義式料理中的義大利麵。提供各種口味的義大利麵，客人點餐時可任選麵體、醬汁自由搭配（集中策略）	

※ 思考義式餐廳事業發展策略的範例

基本概要

　　「策略性思維」是站在經營的層級，以宏觀且富有遠見的視角進行決策的思考方式。企業藉由提供顧客自身的產品或服務來獲得報酬，但在企業活動中勢必會出現爭取顧客的競爭對手。企業必須思考如何在競爭中脫穎而出，而這時需要的便是策略思維。

　　策略思維最具代表性的例子，就是「選擇與集中」。換言之，就是將資源集中投注在自己最能發揮競爭優勢的領域，而放棄其他領域。企業活動的資源有限，因此仔細推敲能以最少的資源或最小的犧牲來達成目標的方法，便更顯重要。除了選擇與集中之外，還有許多策略理論及規則，請善用這些理論和工具，逐漸提升解決重大問題的思考能力。

思考方法

① [闡明目的和目標]：明確指出最終想達成的目的和目標。若有具體的數字，也請一併提出目標數值。

② [明確提出制約]：釐清為了達到 **①** 設定的目的‧目標，能投注多少資源；在達成目標的過程中，又有哪些人為、環境、政治和技術方面的制約。在思考策略時，必須先掌握自己擁有什麼、欠缺什麼。

③ [訂立策略]：在考量制約的前提下，思考達成目標所需的策略。左頁範例是利用哈佛策略教授提出的「三個基本策略」，來討論義大利餐廳事業的策略點子。這個方法以鎖定目標客群的方法與優勢的切入點為雙軸，朝「差異化策略」、「成本領導策略」以及「集中策略」等三個大方向思考策略。

例 有助思考策略的框架

安索夫矩陣	以新創⇔既有的切入點，分別針對產品‧市場進行多角化策略思考
策略草圖	透過分解‧比較提供給顧客的價值，思考差異化策略
SWOT分析	分別以內部‧外部環境的角度分析事業所受的影響，思考自身的優勢和弱點
交叉SWOT	根據SWOT分析的結果，思考提升優勢的策略

※上述框架將在本章的練習與書末附錄中介紹

促進思考的提示

把眼光放遠，進行思考實驗

　　策略性思維的關鍵，就在於「綜觀大局」與「長遠的眼光」。彷彿模擬日本將棋的棋局一般，必須思考棋局的走向，思索最理想的一步。

　　請善用波特的三個基本策略，預測並選擇每個策略後的未來走向，再決定現在應該採取的行動。

每個策略後的未來走向會如何？

30 機率思維
以成功的機率為判斷基準進行思考

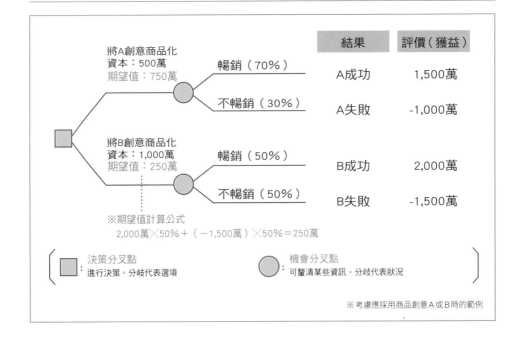

	結果	評價（獲益）

將A創意商品化
資本：500萬
期望值：750萬

暢銷（70%）　A成功　1,500萬

不暢銷（30%）　A失敗　-1,000萬

將B創意商品化
資本：1,000萬
期望值：250萬

暢銷（50%）　B成功　2,000萬

不暢銷（50%）　B失敗　-1,500萬

※期望值計算公式
2,000萬×50%＋（−1,500萬）×50%＝250萬

■ 決策分叉點：進行決策。分歧代表選項

● 機會分叉點：可釐清某些資訊。分歧代表狀況

※ 考慮應採用商品創意A或B時的範例

基本概要

　　「機率思維」是思考每個選項的期望值，以提升決策品質的思考方式。世上沒有能百分之百能順利解決問題的方法，無論什麼樣的解決方案，多少都會伴隨著一些不確定性；而「機率思維」，便是透過思考選項的成功率，選擇成功率較高的選項以解決問題的思維。

　　常用於實踐機率思維的方法，稱為「決策樹」（decision tree）（上圖）。將所能想到的行動列為選項，再將行動結果可能造成的狀況繪製成樹狀一覽圖，將每個選項的期望值視覺化。

　　範例為利用決策樹來思考應採用商品化創意 A 或 B，藉以說明機率思維的流程。

思考方法

補充 範例中使用的前提條件

假設將 A 創意商品化必須先投入資本五百萬日圓,暢銷的機率為 70%,不暢銷的機率為 30%;若成功,則營業額為 2000 萬(獲益 1500 萬),若失敗,則除了資本以外,還會損失 500 萬(獲益 -1000 萬)。將 B 創意商品化,必須先投入 1000 萬資本,暢銷與不暢銷的機率各為 50%;若成功,則營業額為 3000 萬(獲益 2500 萬),若失敗,則除了資本外,還會損失 500 萬(獲益 -1500 萬)。

❶ [列出選項]:列出所有選項,整理成樹狀圖。範例中有兩個選項,分別是將創意 A 商品化以及將創意 B 商品化。

❷ [思考結果與評價]:推測選擇 A 或 B 時,分別可能出現什麼樣的結果。左頁範例預設的是「暢銷」與「不暢銷」這兩種可能。請一併寫下每個選項的結果與最終獲益作為評價。

❸ [設定機率並計算期望值]:設定所有狀況發生的機率,計算出每個選項的期望值。期望值是機率與評價(在此範例中為獲利)相乘後的總和。

❹ [進行決策]:比較各選項的期望值,進行最終決策。在範例中,創意 A 的期望值比 B 高,因此合理的選擇應該是 A。

促進思考的提示

將資源集中於有勝算的戰場上

在商場上,許多時候都必須將「想做的事」與「應該做的事」分開思考,再做出最合理的選擇;尤其是影響全公司命運的重要決策,更是如此。即使是夥伴感到興趣缺缺的選項,假如從機率來看非選不可,就必須將這個選項的好處傳達給夥伴,以獲取支持。

將資源集中在成功率高的選項

31 逆推思維

將未來的目標當作起點，思考現在

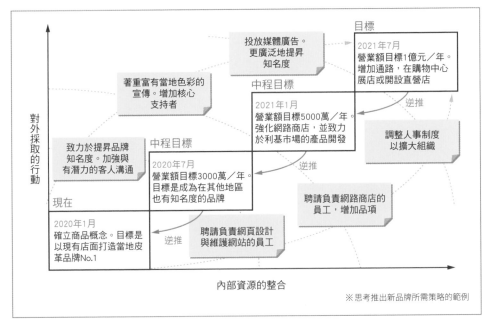

目標

2021年7月
營業額目標1億元／年。
增加通路，在購物中心
展店或開設直營店

投放媒體廣告。
更廣泛地提昇
知名度

著重富有當地色彩的
宣傳。增加核心
支持者

中程目標

2021年1月
營業額目標5000萬／年。
強化網路商店，並致力
於利基市場的產品開發

逆推

調整人事制度
以擴大組織

致力於提昇品牌
知名度。加強與
有潛力的客人溝通

中程目標

2020年7月
營業額目標3000萬／年。
目標是成為在其他地區
也有知名度的品牌

逆推

聘請負責網路商店的
員工，增加品項

現在

2020年1月
確立商品概念。目標是
以現有店面打造當地皮
革品牌No.1

逆推

聘請負責網頁設計
與維護網站的員工

對外採取的行動

內部資源的整合

※ 思考推出新品牌所需策略的範例

基本概要

「逆推思維」是將未來的目標當作起點，思考現在的思考方式。與其相對的是以現在為起點思考的累積式思維。

逆推思維的特點是目標明確，並能擺脫從過去到現在的順序，盡情發揮創意。並非順著慣性，走向「由過去延伸出的未來」，而是應該設定「有想法的未來」，清楚掌握在迎向未來的過程中應該與不應該做些什麼。

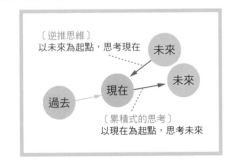

〔逆推思維〕
以未來為起點，思考現在

未來

現在

未來

過去

〔累積式的思考〕
以現在為起點，思考未來

思考方法

1 [設定目標，確認目標與現狀的差距]：描繪出最終想到達的目標（理想狀態），接著將目標與現狀之間的差距視覺化。設定目標時，請自由勾勒出理想的模樣，避免受限於過去的經驗而只思考「能不能做到」。此外，也請一併思考完成目標的「期限」。

2 [設定中程目標]：設定完成目標前的中程目標，中程目標也稱為里程碑。

3 [思考所需的行動與資源]：思考達成每個中程目標所需的對外行動，以及施行時所需的內部資源。所謂對外的行動，包括針對市場進行的行銷、宣傳、業務推廣等；資源指的是行動時所需的人才、技術、組織架構、資金、資訊、制度設計等必須備妥的內部要素。請逐一從目標開始回推，釐清所需的事物。

補充 逆推思維的優點與注意事項

逆推思維的目標與中程目標明確，因此具有較易做決策的優勢；然而另一方面，當狀況或前提出現急遽的變化時，則較難以應變。在具體描繪未來的同時，請保有能隨著狀況改變而即時修正的彈性。

促進思考的提示

設定延展性目標（Stretch Goal）

在逆推思維中，倘若設定的目標等級過低，便可能錯失達成更高目標的機會。設定目標後，請檢視目標是否為「延展性目標（稍具挑戰性的目標）」，思考恰到好處的難易度，例如設定用一半時間獲得兩倍成果的目標等。

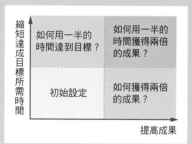

32 選項思維
客觀地思考多個選項

	選項1	選項2	選項3
產品	推出組合商品	增加小包裝產品，提高購買量	採用令顧客想長期持續購買的設計
價格	藉由組合商品提高商品單價	主打小額，以提高總金額為目標	並非只購買一次，而是定期續購
通路	與之前相同，在車站前的伴手禮街展店	進軍車站內的便利商店	首次購買在店面，次月之後宅配
促銷	加強宣傳組合商品	積極介紹多樣化的選購方式	建立社群，以互動作為附加價值

※伴手禮販售業者思考提高顧客單價創意的範例

基本概要

「選項思維」是舉出多個選項後，以綜合且客觀的角度進行決策的思考方式。在思考問題的原因或檢視創意內容時，不能盲目地依存單一選項，而是必須列出所有可能的選項，以客觀的角度進行判斷與選擇。

除了能客觀地做出決策之外，掌握多個選項，還有容易修正方向的好處。在發揮創意或回顧活動時，請思考「這是不是最理想的方法？」以開拓自己的視野。

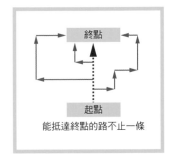

能抵達終點的路不止一條

思考方法

1 ［設定主題］：設定欲思考的課題或主題。請具體提出目的與目標，避免設定太過籠統或抽象的主題。

2 ［設定選項］：針對課題，列出所有能想到的選項。首先請盡量列舉；雖然選項數量會因狀況或目的而異，但至少請想出 3 個選項。若選項數量太少，便可能無法充分比較，或導致做出過於勉強的決策。這個步驟最重視的，是找出各種可能性。

3 ［針對選項討論］：入探討各個選項。將選項逐一具體化，檢視可能的好處或壞處及其原因或根據，並確認有哪些相關資料，以釐清每一個選項。

4 ［評比選項］：訂出一個指標，為每一個選項評分。可依狀況或目的設定評分指標，如重要性、可行性、獲益、未來性、風險、報酬、獨特性、影響力等。

5 ［進行決策］：參考各選項的評分，進行決策（選擇）。完成決策後，便可具體思考行動內容並付諸實行。以在現場獲得的資訊為基礎，重複掌握選項、評比選項、採取行動的流程。

促進思考的提示

利用決策矩陣進行評比

評比選項的方法五花八門，其中「決策矩陣」是一種相當簡單易懂的方法。

決策矩陣是根據事先準備好的指標，針對每個選項進行評分的方法，能將評價量化且一目瞭然，在整理決策所需的材料時相當有助益。

	指標	指標	指標	合計
選項	1分	2分	3分	6分
選項	2分	2分	1分	5分
選項	3分	2分	3分	8分

33 前瞻思維

描繪未來展望，統一組織的方向

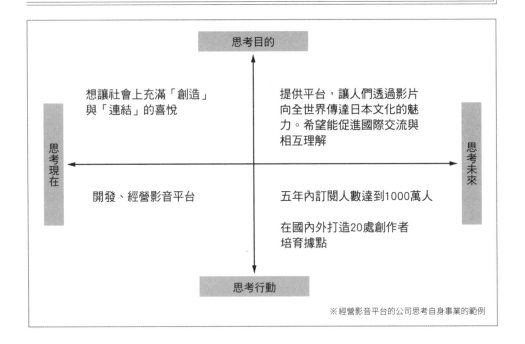

思考目的

想讓社會上充滿「創造」
與「連結」的喜悅

提供平台，讓人們透過影片
向全世界傳達日本文化的魅
力。希望能促進國際交流與
相互理解

思考現在 ← → 思考未來

開發、經營影音平台

五年內訂閱人數達到1000萬人

在國內外打造20處創作者
培育據點

思考行動

※ 經營影音平台的公司思考自身事業的範例

基本概要

前瞻（vision）意旨未來的藍圖、
理想、展望等意義，而「前瞻思維」
（visionary thinking）則是描繪出未來
的理想樣貌或展望，朝著這個理想展開
行動的思考方式。

前瞻思考並非根據眼前的狀況當場
應對，而是抱著長遠的眼光，使現在與
未來互相連結。在需要號召夥伴一同解
決問題時，也很有幫助。

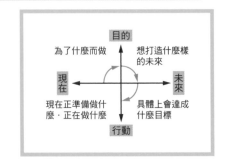

目的
為了什麼而做　想打造什麼樣
的未來
現在 ← → 未來
現在正準備做什　具體上會達成
麼‧正在做什麼　什麼目標
行動

思考方法

1 [確認目前正在進行的活動] 用「現在 ⇔ 未來」與「行動 ⇔ 目的」為軸，擴大思考範圍。首先請寫下自己目前正經營什麼事業、從事什麼工作。

2 [思考目的]：針對**1**列出的內容，思考進行或打算進行該活動的目的為何，尤其請聚焦於自己的意志或想法上，釐清自己想做什麼。接著，再思考能幫助解決社會問題的利他目的或意義。

3 [延伸至未來]：根據目的，思考未來的展望，也就是想打造什麼樣的未來、想實現怎樣的社會。如果能以較長的時間軸來思考，例如 5年、10 年、100 年甚至更久之後的未來，就能更具前瞻性。

4 [設定可共享的目標]：決定想打造的未來後，再進一步思考為了實現這個未來，必須採取的行動；亦可思考「若什麼事物變成什麼樣，便有可能實現**3**的未來」。請設定能具體測量的目標。

5 [反映在目前的行動上]：配合理想的未來樣貌或目的、展望、目標，調整目前的行動。請從未來開始逆推回現在，並依此調整方向與行動計畫。

促進思考的提示

統一方向

　一個組織想要持續前進，就必須統一組織內每個成員的方向。

　深入探討前瞻計畫並與夥伴共享的好處之一，就是能使眾人的方向一致。請透過富有前瞻性的思考過程，慢慢磨合個人與組織的方向。

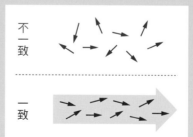

第 3 章／提升商業思考力

34 概念性思維

透過重新定義，看清事物的本質

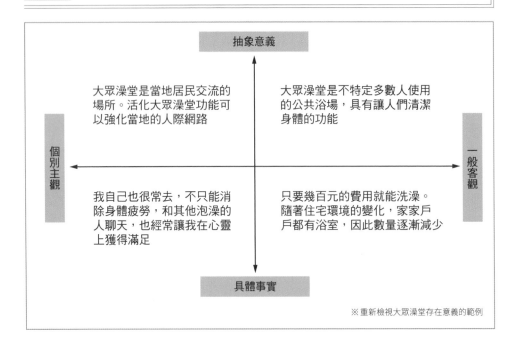

抽象意義

大眾澡堂是當地居民交流的場所。活化大眾澡堂功能可以強化當地的人際網路

大眾澡堂是不特定多數人使用的公共浴場，具有讓人們清潔身體的功能

個別主觀

一般客觀

我自己也很常去，不只能消除身體疲勞，和其他泡澡的人聊天，也經常讓我在心靈上獲得滿足

只要幾百元的費用就能洗澡。隨著住宅環境的變化，家家戶戶都有浴室，因此數量逐漸減少

具體事實

※重新檢視大眾澡堂存在意義的範例

基本概要

「概念性思維」（conceptual thinking）能掌握事物看不見的本質，不但能促進對事物的理解，更能透過重新定義，創造出新的認知與見解。在設計價值、打造組織願景等需要宏觀思考的場合更是重要。

本單元介紹在重新定義過程中相當重要的概念：以「抽象與具體」及「主觀與客觀」為主軸，反覆來回思考。

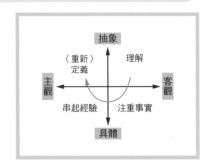

思考方法

1 [理解意義]：設定欲思考的對象作為主題，確認一般大眾對其代表意義的認知。

2 [確認客觀事實]：蒐集有關該主題的具體資料，加深對事實的理解。請著重於事例、相關領域的資訊和該主題的歷史等。

3 [重新定義]：根據目前蒐集的資訊，以自己的觀點重新定義主題。左頁是針對「大眾澡堂」思考的範例。一般人對大眾澡堂的認知，是「洗澡的地方」（功能），而根據自身的經驗，發現實際上大眾澡堂也是讓使用者交流的場所，扮演當地安全網路的角色，因此將大眾澡堂重新定義為「當地居民交流的場所」。重新定義的內容即使是短短的幾個字，也必須囊括一般認知的意義與事實，並加以濃縮自身的經驗與看法。

4 [呈現]：用新創意來思考行動。範例中提出的行動，是站在促進居民交流的面向，致力於活化大眾澡堂，而非只把它視為一種營利事業。在思考組織的願景時，只要搭配前瞻思維（參照→**33**），便能創造出更切實的願景。

促進思考的提示

請挑戰圖像化

步驟 **4** 是透過言語文字重新定義，以理解概念。除此之外，思考圖像也能幫助掌握概念。例如，假如將大眾澡堂的意義與功能畫成圖或插畫，會是什麼感覺呢？

不用尋求正確答案，只要找出你自己能接受的樣貌，便能重新定義。

第3章練習 **❶**

第 3 章的主題是提升商業相關的創意發想能力。在訓練商業眼光時，最關鍵的還是商業模式思維（參照→ **27** ）。

在練習章節中，將會更深入探討商業模式思維與商業模式圖。

◉ 對誰提供什麼樣的價值

在運用商業模式思維之前，請先確認自己正準備對什麼目標族群提供和何種價值，或是正在提供什麼價值。

思考價值時，必須同時思考提供價值的對象是誰、這個對象目前面臨什麼樣的問題、有什麼希望。在思考這些的時候倘若遇到了瓶頸，請回顧前面介紹過的價值提供思維（參照→ **23** ）、種子思維（參照→ **24** ）以及需求思維（參照→ **25** ）。

◉ 打造可持續的模式需要什麼？

接下來要思考的是，在提供價值時需要哪些要素。商業模式圖討論的是「目標客群」、「價值主張」、「通路」、「客戶關係」、「收益流」、「關鍵資源」、「關鍵活動」、「關鍵合作夥伴」、「成本結構」等 9 種要素。若有尚不明確的要素，請蒐集更多資料，深入思考。

◉ 改善既有的商業模式

除了創立新的商業模式，在理解或改善既有商業模式時，也能運用商業模式圖的要素。請整理有關 9 種要素的資訊，思考能不能創造出更好的價值提供架構。

商業模式圖可運用在所有思考「打造提供價值所需的架構」的狀況。請確認自己負責的公司內部專案或團隊內部的溝通，找出是否有可以改善價值流向的地方。

思考網站的商業模式

　　下圖是思考「提供在忙碌生活中也能輕鬆烹調的健康美味料理食譜，專為女性設計的媒體」的商業模式的範例。範例中採用的是以網站為主軸，透過廣告來獲益的思考方式。

KP 關鍵合作夥伴	KA 關鍵活動	VP 價值主張	CR 客戶關係	CS 目標客群
・美食專家 ・願意撰寫報導的寫手	・創作食譜 ・撰寫報導 ・透過行銷活動提高知名度	・提供輕鬆簡單的食譜 ・串連起對簡便料理有興趣的使用者	打造社群，並一起摸索透過烹飪讓生活更美好的方法	對學習烹飪技巧有興趣的女性。尤其是想做菜卻苦無時間的女性客群
	KR 關鍵資源		CH 通路	
	・媒體品牌 ・烹飪相關知識 ・撰寫報導文章的技術		・公司經營的官方網站 ・社群網路帳號	

C$ 成本結構	R$ 收益流
・製作報導所需的編輯人事費 ・製作食譜所需的材料、烹調用具等物質成本 ・網站的管理成本 ・刊登廣告所需成本	點擊型廣告收益

 The Business Model Canvas
©Strategyzer(https://strategyzer.com)
Designed by Strategyzer AG

即使提供相同價值，也可能有不同的收益結構

　　上述範例採用的是點擊型廣告收益，除此之外，也可以將部分食譜設定為付費內容，採用月繳會員制來獲得收益。

　　即使最終都是「製作食譜並公開」，也可以採用不同的獲益方式。請參考社會上既有的商業模式，思考最好的獲益方法。另外，一旦改變了收益流，就必須調整其他的要素與所需成本，請留意。

思考製造販賣的商業模式

Exercise

接著要思考的是製作並販售包包、皮夾的皮革品牌的商業模式。製造與販賣是典型的商業模式之一，基本概念就是自己進原料並加工、販售。請思考該如何增加附加價值，以及如何與競爭對手做出差異化。

KP 關鍵合作夥伴	KA 關鍵活動	VP 價值主張	CR 客戶關係	CS 目標客群
原料供應商	·製造產品 ·經營品牌	使用上等皮革製作的高級包包、皮夾等時尚產品	打造緊密且互動良好的關係。重視粉絲的培養	追求時尚，喜歡有質感的裝飾品，年齡層在二十至三十九歲的消費者
	KR 關鍵資源 ·製造技術 ·品牌		CH 通路 ·直營店 ·網路商店 ·活動攤位	

C$ 成本結構	R$ 收益流
·進貨成本 ·工作室管理費 ·倉庫管理費	各種產品的營收

The Business Model Canvas
©Strategyzer(https://strategyzer.com)
Designed by Strategyzer AG

將利害關係人視覺化

整理出價值提供所需的 9 項要素後，接著請列出執行該商業模式過程中的利害關係人。所謂的利害關係人，就是透過彼此的活動互相影響、具有利害關係的人。

除了顧客、夥伴之外，企業客戶、行政機關、當地居民、競爭對手等有可能互相帶來影響的利害關係人，都必須逐一列出。請理解每一個利害關係人的狀況與需求，想出能創造價值循環的最佳形式。

思考非營利的模式

除了營利事業之外，非營利團體、公家機關或公司內部的專案，也都適用商業模式圖。下圖範例為回收舊衣物捐贈外國的 NPO 法人。

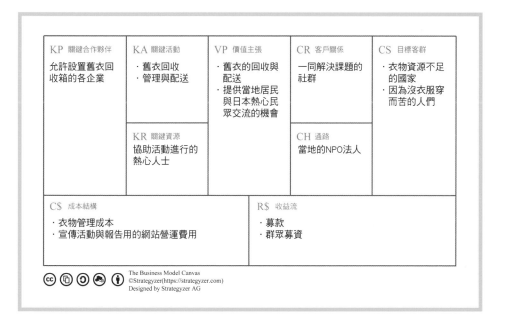

KP 關鍵合作夥伴	KA 關鍵活動	VP 價值主張	CR 客戶關係	CS 目標客群
允許設置舊衣回收箱的各企業	・舊衣回收 ・管理與配送	・舊衣的回收與配送 ・提供當地居民與日本熱心民眾交流的機會	一同解決課題的社群	・衣物資源不足的國家 ・因為沒衣服穿而苦的人們
	KR 關鍵資源 協助活動進行的熱心人士		CH 通路 當地的NPO法人	

C$ 成本結構	R$ 收益流
・衣物管理成本 ・宣傳活動與報告用的網站營運費用	・募款 ・群眾募資

The Business Model Canvas
©Strategyzer(https://strategyzer.com)
Designed by Strategyzer AG

留意活動所需資源

上述範例採用募款與群眾募資作為收益流。即使是非營利組織，只要從事某種活動，就必定有補足成本的資金來源。

除此之外，思考為促銷而舉辦的活動時也是一樣。為了使活動能持續進行，補足成本的資金是不可或缺的。請留意價值提供的內容、對象以及活動所需的資源流向。

接下來將針對「策略」進一步思考。在策略性思維（參照→ **29** ）單元中已經介紹過波特提出的「3個基本策略」，此外還有許多思考策略的方法，在此逐一說明。

Exercise

用「策略草圖」來思考差異化策略

歐洲工商管理學院策略學教授金偉燦（W. Chan Kim）與莫伯尼（Renée Mauborgne）提出「藍海策略」，認為不應該把勞力和資源放在競爭激烈的市場「紅海」，而應該投注於沒有競爭對手的「藍海」。

這個策略，也可說是追求不戰而勝的策略。為此，我們必須找出競爭對手尚未發現的需求或價值，推出產品、服務或事業。適用於摸索上述新興市場的方法，就是「策略草圖」（strategy canvas）。

策略草圖是一種找出競爭要素，將競爭對手與自己分別投入多少心力在每個要素加以視覺化的手法。數值愈高，就表示競爭對手投注愈多資源在該要素上。

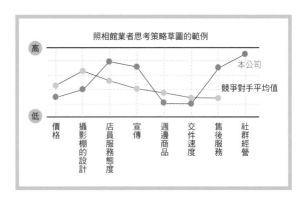

照相館業者思考策略草圖的範例

高

本公司

競爭對手平均值

低

價格　攝影棚的設計　店員服務態度　宣傳　週邊商品　交付速度　售後服務　社群經營

這種手法的好處在於可以理解市場的競爭要素，而競爭對手主要投資在什麼要素上，也能一目瞭然。

將競爭對手在每個要素表現出的數值用線連接（價值曲線），再進行觀察；假如競爭對手的曲線形狀與自己公司相同，便代表自己身處於激烈的競爭環境中。這時可以針對某些要素做出差異化，或找出新的競爭要素，思考公司的新定位。

尋求差異化時，可以從「刪除」、「減少」、「增加」、「附加」等

四個面向切入。其中「刪除」、「減少」主要意義為降低成本，而「增加」、「附加」則旨在創造附加價值。

　　左頁的照相館業者範例，是透過成立攝影同好社群來創造新的附加價值，試圖打造與競爭對手之間的差異。請列出公司所屬市場的競爭要素，思考能與競爭對手做出差異化的策略。

利用「安索夫矩陣」思考事業的多角化經營策略

接下來要介紹思考既有事業發展策略的「安索夫矩陣」。此概念是由策略管理之父伊格爾・安索夫（Igor Ansoff）提出，針對市場（顧客）和產品，分別以「新」與「既有」為軸，繪製出矩陣，以討論策略方向。

		產品	
		既有產品	新產品
市場	既有市場	市場滲透	開發新產品
	新市場	開發新市場	多角化

安索夫矩陣概念圖

　　試圖在既有市場提高市占率的策略，就是「市場滲透策略」（Market Penetration）。如果在這個策略上有成長的潛力，就表示風險較低，可確實達成的機率較高。

　　矩陣的右上方，也就是在既有市場投入新產品的「開發新產品策略」（Product Development），則是分析現有顧客的需求，來開發相關產品或升級版產品。這個策略的優勢在於可以善加利用既有顧客這個管道。

　　矩陣左下方是在新市場中投入既有產品的「開發新市場策略」（Market Development）。此策略是在思考如何將既有產品的功能和特性，提供給需求不同的市場；例如將原本只在國內販售的產品推向海外市場。

　　矩陣右下方是思考新市場與新產品組合的「多角化策略」（Diversification），也就是運用在既有事業擴展過程中培養的競爭優勢，推出新產品・服務的策略。

　　請仔細檢視既有事業，使需求與種子視覺化，再思考可能和既有事業產生綜效的新策略。

專欄 ｜ 將小點子擴充為大創意

　　第3章以價值創造、商業模式、策略等關鍵字為主軸，介紹了「設計事業所需的思維」。在具體實踐商業創意的過程中，應該時時放在心上的，就是「先提出一個小點子，再一面驗證假設，一面擴充內容」的概念。

太大的企畫難以更動，應從小企畫出發

　　思考事業、產品或服務也好，想在公司內部提出業務改善專案也好，隨著企畫的輪廓趨於完整，內容將更加複雜，規模也會愈來愈大。

　　擁有宏觀的視野固然重要，但是企畫的規模愈大，在運作和修正上所需要的成本也就愈高。

　　請先設計一個容易調整的規模，一邊驗證假設，一邊循序漸進地找出最適切的解答。

檢視需要擴充的規模

　　例如要針對「將商業設施的閒置空間出租為活動會場的仲介服務」來思考，若將企畫的規模縮小，便可將焦點放在是否能確實發揮「媒合擁有閒置空間的企業與活動主辦單位」的功能，或是能否滿足使用者的需求。也就是相當於設計這項服務的第一階段。

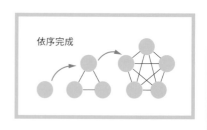

依序完成

　　接著，可能會浮現其他各種想法，諸如出租活動器材、承接活動網頁製作、仲介藝人等。不過這些想法可以在驗證「媒合擁有閒置空間的企業與活動主辦單位」的功能能有效運作後，再依序添加即可。

　　先掌握自己想達成的目的或想解決的課題是什麼、有哪些資源可用，再思考最關鍵的核心要素是什麼，以及應該用什麼形式驗證假設。

第**4**章

提升企畫推進力

提升企畫推進力

第 4 章將說明在執行專案時能派上用場的思維架構，包括許多有助於經營組織的概念，可應用在各種經營活動上。

有目的且有計畫地執行

專案是為了達成某個目的或目標的計畫，負責規畫並執行專案的團隊，必須明確地制定計畫，決定為了達成目的，將由誰來擔任什麼角色、要在多久之內完成哪些任務，並隨時共享資訊，各自完成自己負責的業務工作。

第 4 章挑選了有助於提高專案執行力的「改善業務」與「人事問題」相關的思維。此外，雖然本書使用「專案」這個詞彙，但這些思維當然也能應用在持續執行的常態業務中。

計畫總是偏移，必須持續調整

明確訂定目的與計畫並分享給團隊夥伴，是絕對必要的。然而無論設計得多縝密，計畫總是會有出乎意料的發展。為了讓專案朝正確的方向前進，我們必須反覆修正。

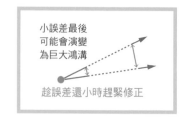

就算起初只有些微偏離，一旦置之不理，就可能導致無可挽回的巨大鴻溝。成員明明是朝著同一個方向出發，但是專案卻往往無疾而終。溝通也是一樣，一些微小的不對勁，倘若沒有在一開始就磨合，便會累積在看不見的地方，最後變成無法修復的裂痕。

尤其是由眾人同心協力解決問題時，更是必須有耐心地磨合彼此所認知的課題、目的／目標和目前進度。請提升自己的思考能力，善用能使目的與願景更加明確的思維，視覺化目的與願景與計畫之間的落差，同時不斷修正。

理解每個人不同觀點，並加以調整

　　與專案運作相關的成員，通常各自扮演不同的角色；而每個人都會從自己的角度來思考。一般而言，管理階級與現場人員的視野（管理階級看整體，現場人員看局部）和時間軸（管理階級看長期，現場人員看短期）本來就很容易出現差異。

　　既然職務不同，出現差異可謂理所當然，這件事本身並不是壞事。不過，假如因為想法和優先順序的差異而起了衝突，就絕非具有建設性的事情。站在推動專案的立場，應該傾聽每個階層的聲音，扮演協調的角色。

別忘了溝通的目的

　　為了讓成員朝著同一個方向推動專案前進，人與人之間的溝通是不可或缺的。除了管理階級與現場人員之間的縱向溝通、跨部門的橫向溝通，有時可能連與公司外部單位的溝通，也都必須仔細考量。

　　溝通的目的，是互相傳達想法與意見，努力達成共識或協議。當必須和各種對象溝通時，最重要的就是認知雙方的差異。很多時候自己認為理所當然的事，對對方而言並不是常識。請避免單方面把自己的想法灌輸在別人身上，而是應該用心傾聽對方，接納對方，帶著建設性的態度來思考。

將想像力發揮在看不見的地方

　　不論是改善業務或思考溝通方式，關鍵都在於能不能顧慮到「看不見的部分」。希望你在閱讀本章時能發揮想像力，將其運用在具體事物或文字言語以外的地方。

35 Why 思維（確認目的）
思考目的與手段的整合性

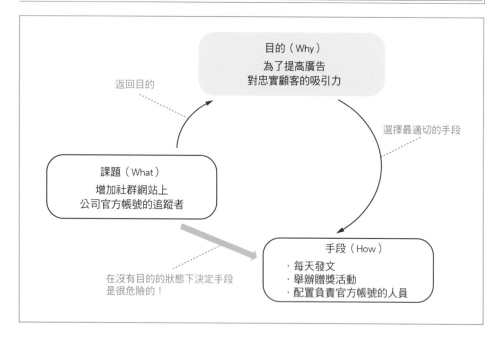

目的（Why）
為了提高廣告
對忠實顧客的吸引力

返回目的

選擇最適切的手段

課題（What）
增加社群網站上
公司官方帳號的追蹤者

手段（How）
・每天發文
・舉辦贈獎活動
・配置負責官方帳號的人員

在沒有目的的狀態下決定手段
是很危險的！

基本概要

「Why 思維」是一種著眼於目的與手段的不同，進而思考事情的方式。這裡所謂的目的，是指「最終想達成的事情」；手段則是指「為達成目的而採用的方法」。

解決問題的過程，本來應該是先有目的和課題，再思考具體的手段，努力達成目標。換言之，最重要的是目的。然而，有時當我們太過集中精神於眼前的業務，順序往往就會顛倒過來，導致手段本身變成了目的。

一旦手段變成目的，就有可能浪費資源在無謂的努力上。為了避免陷入這種狀況，養成常問自己「為什麼要做這件事？」的習慣，使目的常保明確，再改善目的與手段的組合，這便是 Why 思維的概念。

思考方法

① [釐清課題]：明確掌握自己準備處理的課題是什麼。左頁範例將課題設定為「增加公司官方社群網站帳號的追蹤者」。

② [確認目的]：確認處理這項課題的目的。「Why（為什麼要做這件事？）」有助思考目的的問題，就是藉由提出「Why」，可讓目的、意義、背景、好處變得明確。

③ [思考手段]：確定目的之後，接著思考達成目的所需的具體手段。這時一般會思考「How（如何做？）」。

④ [確認目的與手段、課題的整合性]：確認目的和手段是否具整合性。若發現目的與手段並不符合，或是想到更適切的手段，則進行修正。另外，假如發現目前的課題根本無法達成目的，那麼就應該連課題都進行修正。

> **補充** 目的改變，手段的內容也會改變
> 針對忠實顧客撰寫的報導，跟為了吸引新客人而撰寫的報導，內容勢必不同。倘若沒有掌握目的，便無法選擇適切的手段，進而無法獲得成果。此外，為了達成目的，舉辦實體活動的效果可能比運用社群網站更好。重要的是，請隨時清楚掌握目的。

促進思考的提示

目的是達成更高目的的手段

手段與目的是成對的；而從更高的目的來看，每一個目的都是手段。在解決問題時，目的和手段會呈現如右圖的階層狀態。首先確認最上層的目的，思考每個目的與手段的組合。若是多人一起討論，必須先確認要針對哪一個階層討論。

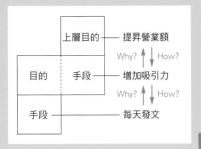

36 改善思維

不斷改善策略以提高產能

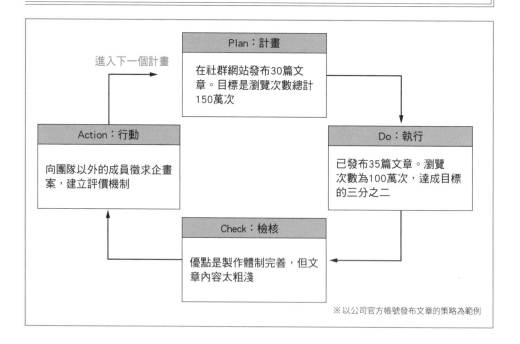

進入下一個計畫

Plan：計畫

在社群網站發布30篇文章。目標是瀏覽次數總計150萬次

Do：執行

已發布35篇文章。瀏覽次數為100萬次，達成目標的三分之二

Action：行動

向團隊以外的成員徵求企畫案，建立評價機制

Check：檢核

優點是製作體制完善，但文章內容太粗淺

※以公司官方帳號發布文章的策略為範例

基本概要

　　「改善思維」是將計畫與結果的落差視覺化，思考消除落差的方法，以提高產能的思維，目的是提升每單位時間可創造的價值或成果。透過重複檢核與行動，可以不斷更新行動或想法，以追求更理想的狀態。

　　除了找出有效的問題解決方案外，改善思維更是一種持續且可循環的思考方式，能夠「持續改善」解決方案。

　　本書介紹的是最具代表性的改善方法「PDCA循環」。讓我們順著計畫（Plan）、執行（Do）、檢核（Check）、行動（Action）等步驟，來學習改善思維的步驟吧。

思考方法

1 [訂立計畫]（Plan）：PDCA 的第一步就是訂立計畫，請整理自己要以什麼方式、在多久的期間內執行什麼事情。同時也請配合時程，寫下目標。若將目標設定為具體的數值，日後的檢核會更有效率。

2 [執行]（Do）：執行計畫，並將結果視覺化。具體整理執行內容、發生的事情、結果與計畫的落差等。

3 [檢核]（Check）：針對結果進行檢核，並整理出成效良好的部分與有問題的部分，並分析其原因。

4 [行動]（Action）：思考改善方案。在有問題的部分，該中止的項目就中止，而改善後就能繼續的項目，則思考改善方案。至於成效良好的部分，也必須將可繼續執行的項目與需要改善的項目分開來思考。將思考後的內容反映在「下一個計畫」中，再重複 **1**～**4** 的流程。

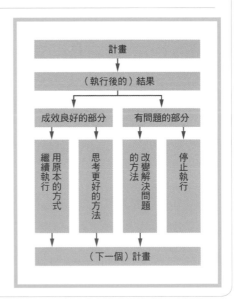

促進思考的提示

找出需改善項目的框架「KPT」

使用 PDCA 循環進行改善時，經常使用「KPT」來檢視成效。依序找出成效良好的部分（成效良好，因此可以繼續保持，Keep）、需要改善的部分（Problem）與實際執行的內容（Try），思考在下一個行動中獲得更高成效的方法。

37 經驗學習模型

從經驗中學習，並加以應用

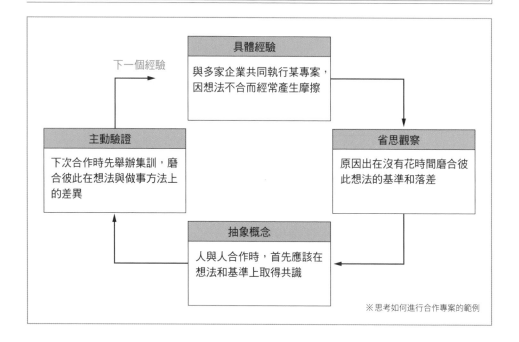

※思考如何進行合作專案的範例

基本概要

　　人可以透過解決問題的過程，學習各種經驗；而藉由省思，把這些經驗應用在其他場合，便能將經驗昇華為學習。這種從經驗中學習的方式，稱為「經驗學習」（Experiential Learning），而美國體驗式學習大師大衛・庫伯（David Kolb）則提出了由「具體經驗→省思觀察→抽象概念→主動驗證」等步驟組成的「經驗學習模型」。

　　簡單講，也就是「經驗→省思→思考→行動」的循環。除了學習新的技術，也可提升既有的技術或知識水準。改善思維（參照→ **36** ）鎖定的大多是活動內容本身，而經驗學習則聚焦於活動的主體，也就是個人或組織的學習。

思考方法

1 [獲得具體經驗]：這個階段是透過工作或活動得到具體經驗。請將重點放在活動中所採取的行動、發言的內容，以及最後得到的結果。

2 [進行省思觀察]：回顧經驗的內容，思考其意義。回想好與不好的經驗，和當下的感受，並思索原因與意義。

3 [進行抽象概念化]：將透過省思觀察得到的內容理論化（建立自己的理論），這個步驟可視為從經驗中找出「教訓」。將學習抽象化、普遍化，使其能應用於各種不同狀況。比起自己一個人思考，透過他人的回饋，更能輕鬆歸納出精準的教訓。

> **補充** 理論化的概念
> 若無法掌握「理論化」的意思，可以將其理解為要點化、模式化、方程式化、檢核表化、框架化、規則化等概念。請試著將經驗普遍化，使其適用於未來的經驗。

4 [主動進行驗證]：根據 **3** 的論點，思考下一個行動（主動驗證）。如此一來便能獲得下一個具體經驗，接著再從頭進行本循環。

促進思考的提示

掌握學習內容的框架「YWT」

「YWT」是一款透過依序反思「做到的」（Y）（譯註：日文「やったこと」）、「理解的」（W）（譯註：日文「わかったこと」）、「接下來要做的」（T）（譯註：日文「次にやること」），回顧自己學到了什麼的框架。這個框架很類似在改善思維中介紹過的「KPT」，不過「YWT」更著重「學習」。

38 雙環學習

反思「想法」，提升思考品質

反思變數	反思行動策略	得到的結果
舉辦活動是在當地最好的宣傳方式嗎？	沒有達到目標觀眾人數	成立當地的宣傳專案
用觀眾人數作為評分指標是否正確？	應該增加活動的印象度和吸引力	企畫、舉辦增加觀眾的活動

基本概要

　　哈佛商學院榮譽教授克利斯・阿奇利斯（Chris Argyris）認為，每個組織都有「單環學習」（single-loop learning）與「雙環學習」（double-loop learning）這兩種學習過程。

　　單環學習是指利用現有的思維來改善・學習事物；而雙環學習則是以改善・學習的理想樣貌為對象，採取新的思考框架，摸索更完美的可能。

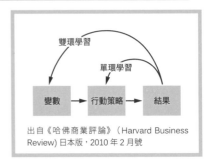

出自《哈佛商業評論》（Harvard Business Review) 日本版，2010 年 2 月號

思考方法

1 [整理行動後得到的結果]：整理行動後得到的結果，將活動過程中的經驗、做得好或搞砸的部分等視覺化。

2 [反思行動策略（單環學習）]：思考該怎麼做才能得到更好的成果，提出改善行動內容的策略。這個階段的反思，是利用現有的思考框架進行 PDCA 循環，以求實務性改善；改善‧學習的對象為「行動內容（應如何行動）」。

3 [反思變數（雙環學習）]：反思**2**的行動策略背後思維與前提。在反思行動策略的階段，我們已經思考了實務性問題的解決方案與改善方法；而在反思變數的階段，則必須從「原本設定的課題和目標是否適切？」、「即將執行的專案本身是否正確？」、「應該以什麼作為評分指標？」等觀點出發，重新構築思維。此時，改善與學習的對象已不是行動內容，而是「思考框架」、「改善方法」、「學習方法」。有時必須拋開既有的想法，大膽創新地採用新思維。

4 [決定下一個行動]：反覆進行各階段的反思，整理學到的事物，再進入下一個行動。之後再重複「行動→反思行動策略→反思變數」的循環。

促進思考的提示

「為了學習的學習」的概念

雙環學習又可稱為「為了學習的學習」，也就是以「學習該如何學習」、「評斷該如何評分」、「反思該如何反思」的觀點來思考。

一個組織若想持續發展，必須重視內省思考的重要性。

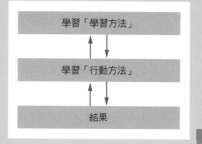

39 流程思維

不但重視結果，也重視過程

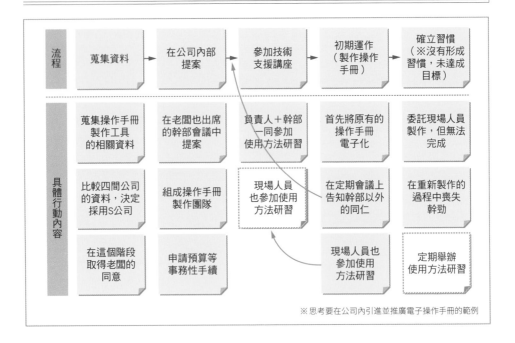

※ 思考要在公司內引進並推廣電子操作手冊的範例

基本概要

「流程思維」是一種除了結果之外，也同樣重視過程的思考方式。在商業活動中，結果毫無疑問非常重要，然而只用是否達到最終目標來評斷，從此停止思考，是相當危險的。因為這麼一來，很可能就會疏忽思考改善方案，導致事業無法更進一步發展。

將過程視覺化，掌握在抵達最終結果之前經過了什麼樣的步驟，在每個步驟中又採取了什麼樣的行動，給予具體的評價，再思考改善方案。除了在設計、改善自己負責的業務之外，在對他人評分或給予他人回饋時，也可應用本思維。

思考方法

1 [將目標與結果視覺化]：掌握事前設定的目標與實際的結果。假設事前設立的目標是「引進電子操作手冊工具，縮減 50% 的員工訓練支出」，便應該確認是否落實了電子操作手冊、是否成功縮減了五50% 的員工訓練支出。

2 [將流程與行動視覺化]：掌握結果之後，下一步就是將到達結果之前的過程視覺化。可以先列出概略的流程，再逐一寫出各階段具體的行動。

3 [給予評價]：檢視流程的優缺點，思考順序是否恰當、是否有過或不足、有沒有更好的方法等。同時也要檢視具體行動，如「參加技術支援講座」階段的時機是否合宜、是否採取了適切的行動。

4 [思考改善方案]：根據 **3** 的評價，思考更理想的方法以及下一個行動。左頁範例在試圖採用電子操作手冊、取得高層同意的階段，進行得都很順利，但是卻低估了讓現場人員熟悉所需要的時間，因此出現了問題。針對這個問題，範例中也提出了改善方案，如「提早告知幹部以外的人員」、「為現場人員定期舉辦使用方法研習」等。重點在於，不需要因為一次小失誤就停止思考、捨棄一切。

促進思考的提示

富建設性的部分否定，是進步的關鍵

全面否定是導致思考停滯的根源。任何事情只要是認真執行的結果，應該不可能所有環節都不出錯。我們應該盡力合理地分析優缺點，將真正的問題視覺化，並與夥伴共享。能促進思考的，並不是全面否定，而是能直指核心的部分否定。

40 跨界思維
跨領域思考事物的關聯

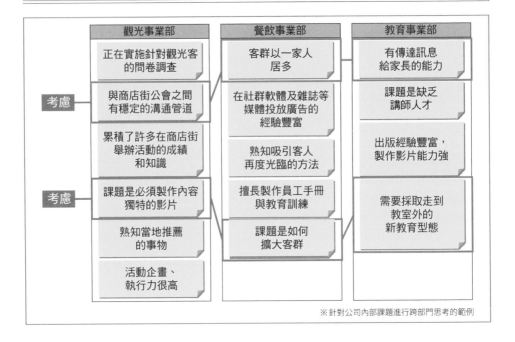

觀光事業部	餐飲事業部	教育事業部
正在實施針對觀光客的問卷調查	客群以一家人居多	有傳達訊息給家長的能力
與商店街公會之間有穩定的溝通管道	在社群軟體及雜誌等媒體投放廣告的經驗豐富	課題是缺乏講師人才
累積了許多在商店街舉辦活動的成績和知識	熟知吸引客人再度光臨的方法	出版經驗豐富，製作影片能力強
課題是必須製作內容獨特的影片	擅長製作員工手冊與教育訓練	需要採取走到教室外的新教育型態
熟知當地推薦的事物	課題是如何擴大客群	
活動企畫、執行力很高		

※ 針對公司內部課題進行跨部門思考的範例

基本概要

「跨界思維」是一種橫跨多個不同領域、部門、負責範圍來進行思考的方式，也可說是著眼於多個領域間的共通或互補要素，加以「連結」的思維。透過連結相異的領域，創造合作（collaboration）或綜效（synergy），以利解決問題。

有些問題，光是在單一領域中將事物分割、提高專業度是不夠的，必須聯合多種專業才有辦法解決；這便是跨界思維發揮長處的時候。現代人經常遇到由多種複雜要素交織而成的問題，無論是個人、部門或整個組織，對各種層級而言，跨界思維都可謂愈來愈重要。

思考方法

1 [了解各領域]：深入了解每一種領域的特性、強項、弱點、目前的課題、正在發展的技術以及文化等。例如，假設自己負責的是觀光事業，除了加深對觀光事業的理解之外，也要試著多去了解其他部門（例如餐飲事業或教育事業）的課題與活動。

2 [思考各領域之間的共通點／相異點]：思考每個領域之間有哪些共通點和相異之處，確認是否遇到同樣的課題、是否有同樣的目的、是否有某個領域擁有其他領域所欠缺的優勢或知識。

3 [思考跨界創意]：思考因跨領域而能發揮效果的構想。請思索能創造合作或綜效的方法。

例 思考跨界創意的切入點
- ・能不能利用彼此的優勢？
- ・能不能利用強項彌補弱點？（能不能貢獻？能不能求助？）
- ・能不能利用彼此的資源（人／物／金錢／資訊）？
- ・能不能發現新的核心問題？（有沒有能利用彼此的專業，攜手挑戰的課題？）

4 [打造跨領域團隊並執行]：將創意具體化，實際組成跨領域的團隊，付諸實行。在執行專案時，請留意各領域的前提或制約都有所不同。

促進思考的提示

專業性與合作能力

在經營事業的過程中，除了努力縱向地提升專業性外，也必須鍛鍊本單元所介紹的跨領域能力，以及將多種專業橫向連結的合作能力與拓展能力。

請理解多種領域的基礎知識以及各領域的制約，培養足以擔任溝通管道的能力。

	領域A	領域B	領域C
	知識	知識	知識
	經驗	經驗	經驗
	技術	技術	技術

培養應用專業知識的能力（橫向）／加強專業性（縱向）

41 GTD 理論

將應做的事分門別類，讓思路變得清晰

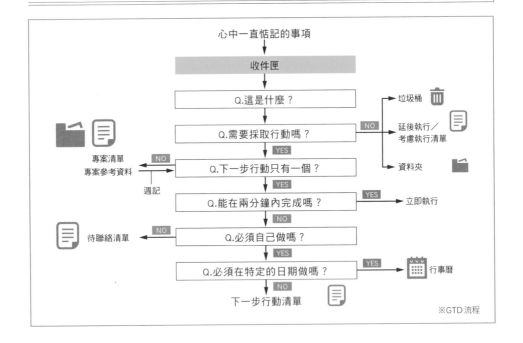

心中一直惦記的事項

收件匣

Q.這是什麼？ → 垃圾桶

Q.需要採取行動嗎？ —NO→ 延後執行／考慮執行清單

YES

資料夾

專案清單
專案參考資料 ←NO— Q.下一步行動只有一個？

週記 YES

Q.能在兩分鐘內完成嗎？ —YES→ 立即執行

NO

待聯絡清單 ←NO— Q.必須自己做嗎？

YES

Q.必須在特定的日期做嗎？ —YES→ 行事曆

NO

下一步行動清單

※GTD 流程

基本概要

　　GTD（Getting Things Done）是美國工作效率大師大衛・艾倫（David Allen）提出的工作管理術，能幫助整理腦中雜亂資訊。

　　當有事情必須思考，或臨時想到某些事情時，應該使用固定的思考流程來管理，並決定優先順序，而非在當下狀況的影響下，用感覺去管理。GTD 的優點，就是能幫助我們整理腦中混亂的思緒，專注於此刻應該思考的事情上。

　　GTD 的思考過程，包括「捕捉」（capture）、「理清」（Clarify）、「整理」（organize）、「回顧」（reflect）、「執行」（engage）等 5 個步驟。首先將腦中浮現的事項全部放進稱為「收件匣」（inbox）的資料管理場所，再依照固定流程加以分類、執行。準備好可作為收件匣、資料夾、清單使用的工具，開始進行 GTD 吧。

思考方法

1 [捕捉]：將想做的事情、必須做的事等一直惦記在心的待辦事項列出，暫時放進自己設定為收件匣的地方。收件匣可以是紙張或便利貼等實體工具，也可以是記事本 App 等數位工具。

2 [理清]：確認收件匣裡的所有待辦事項，釐清它們分別具有什麼意義、執行時具體而言需要採取哪些行動。依照左頁範例中流程圖中央的六個問題，將待辦事項歸類至外側的八個類別中。

3 [整理]：將待辦事項分別歸檔至「垃圾桶」、「延後執行／考慮執行清單」、「資料夾」、「專案清單」、「立即執行」、「待聯絡清單」、「行事曆」、「下一步行動清單」之後，再整理一次，確認內容有沒有重複。另外，GTD 裡所稱的「專案」（project），指的是需要採取多步驟行動的事項，因此完成期間可能比一般認知的專案還要短。例如，在「舉辦公司內部讀書會」這個待辦事項中，若還包括「討論內容」、「選定講師」、「預訂場地」等多項工作，就可以製作一個「舉辦公司內部讀書會」專案來管理。

4 [回顧]：定期檢視並更新每個清單及資料夾裡的內容。

5 [執行]：思考當下的狀況、可利用的時間、資源以及優先順序，選擇應採取的行動並執行。

促進思考的提示

收件匣必須統一管理

若在沒有準備收件匣的狀態下就貿然開始，或使用多個收件匣，導致資訊散亂，GTD 便無法發揮功效。無論是筆記本或 App 都好，請準備自己方便使用的收件匣，打造可以統一管理所有待辦事項的系統。

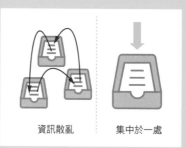

資訊散亂　　集中於一處

42 責己思維
優先思考自己能解決的問題

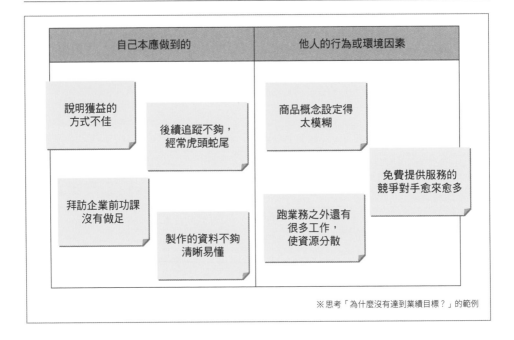

自己本應做到的	他人的行為或環境因素

說明獲益的方式不佳

後續追蹤不夠，經常虎頭蛇尾

商品概念設定得太模糊

免費提供服務的競爭對手愈來愈多

拜訪企業前功課沒有做足

製作的資料不夠清晰易懂

跑業務之外還有很多工作，使資源分散

※思考「為什麼沒有達到業績目標？」的範例

基本概要

認為問題的原因出在自己以外的「他人」身上，稱為「責人」；認為問題的原因是「自己」，則稱為「責己」。

「責己思維」是優先將責任歸咎於自己的思考方式。例如接到客訴時，認為「問題在於主管或部下對待客人的態度」，就是「責人」；認為「問題在於自己對待客人的態度」，就是「責己」。

責人思維和責己思維都是必要的思考方式，但「缺乏責己的責人」，則大有問題。因為一旦認為問題的原因都在別人身上，就會停止思考，從而無法產生下一步行動。面對問題時，請自問「有哪些是自己能做的？」先確實改善一部分狀況，再進一步澈底解決問題。

思考方法

1 ［寫下問題］：寫下欲解決的問題。

2 ［判斷起因是否為自己］：將寫下的問題成因分為「自己本應做到的事」，或「他人的行為或環境因素」；判斷的重點在於是否有自己能控制的因素，同時也應重視其內容。「競爭對手的動向」、「業界結構」等問題雖無法靠一己之力改變，但若分別細看，或許會發現自己可以掌控的部分。例如蒐集客戶資料、拜訪後的後續追蹤等，應該有很多地方是自己可以改變的。

3 ［思考自己能做什麼］：針對自己也許能解決的問題思考解決方案，並付諸實行。請問自己「我能做什麼？」「我可以用什麼方式貢獻？」「我可以先改變什麼？」

4 ［思考只要獲得協助就能解決的問題］：努力完成自己能做的部分，並逐漸拿出成果的同時，也思考「自己一個人做不到，但若有他人協助，也許就能解決的問題」的解決方案，向對方尋求協助，致力解決問題。

5 ［思考環境問題的解決方案］：一邊處理自己獨力解決或與他人攜手解決的問題，同時將焦點移至大環境的問題上。站在自己的立場，思考業界的問題結構是否能改變、整個世界的問題能否改變，將思考範圍擴大。

促進思考的提示

從能改變的地方開始慢慢改變

責己思維的重點，就是先聚焦於自己能改變的要素上。配合自己負責的業務內容和規模，先找出自己可以改變的地方，再從這裡延伸到整個問題。即使是乍看之下以為肇因於他人或大環境的問題，也以試著分解，看看自己能做些什麼。

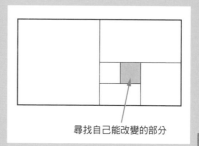

尋找自己能改變的部分

43 正向思維
重視事物的優點或強項等積極面

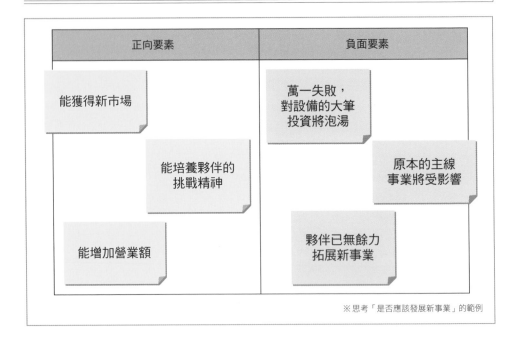

正向要素	負面要素
能獲得新市場	萬一失敗，對設備的大筆投資將泡湯
能培養夥伴的挑戰精神	原本的主線事業將受影響
能增加營業額	夥伴已無餘力拓展新事業

※思考「是否應該發展新事業」的範例

基本概要

　　凡事都有正面與負面兩種面向，重視正面的思維，就是「正向思維」。當想到一個點子時，應該將重點放在能獲得的報酬，而非因為有風險或必須付出太多心力就放棄。同時，也應該優先考慮如何將優勢發揮到極致，避免一直在意弱點而表現出消極的態度。

　　不過，正向思維也並非認定「負面＝壞處」；如果一直對負面要素視而不見，只會變成自欺欺人。請同時確切掌握正向要素與負面要素，再思考如何善加運用正向要素。

　　正向積極的言行，絕對能比負面的言行吸引到更多人；對於一個需要借助眾人力量來解決問題的領導者來說，正向思維更是必要。

思考方法

1 [將正向要素視覺化]：找出思考主題的正向要素。可以鎖定「好處」、「優點」、「強項」、「可能性」等重點，抱著積極的態度思考。左頁範例中思考的主題是該不該發展新事業，列出的正向要素有「能獲得新市場」、「能培養夥伴的挑戰精神」等。

2 [將負面要素視覺化]：思考是否存在著負面要素。可以鎖定「問題點」、「壞處」、「弱點」、「困難度」等，列出令人感到不安的要素。

補充 **加分法與扣分法**
將正向要素視覺化時使用加分法，將負面要素視覺化時使用扣分法，便能輕鬆整理。若發現自己容易偏重某一方的要素，請兩種方法都用用看。

3 [思考活用正向要素的方法]：掌握正面與負面兩種面向的要素之後，請思考如何將正向要素發揮到極致。請使用肯定的問題來幫助思考，例如：「該如何利用機會？」「要怎麼做才能得到更好的結果？」

4 [思考能彌補負面要素的方法]：思考彌補負面要素的方法。為了大膽運用正向要素，必須事先替負面要素做好防範措施。

促進思考的提示

正向思維與負面思維

　　如上所述，出現負面要素本身並不是壞事。以風險管理的觀點來看，確實掌握負面要素，是一種十分重要的能力。在計畫的階段可以採用正向觀點，而在執行階段必須謹慎時，可以試著以負面觀點來思考。

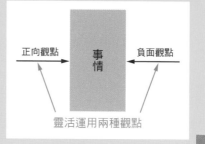

靈活運用兩種觀點

44 ABC 理論

鎖定「必須……」的想法，整理思維和行動

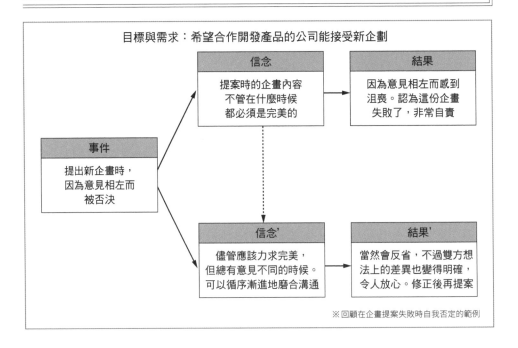

目標與需求：希望合作開發產品的公司能接受新企劃

信念	結果
提案時的企畫內容不管在什麼時候都必須是完美的	因為意見相左而感到沮喪。認為這份企畫失敗了，非常自責

事件

提出新企畫時，因為意見相左而被否決

信念'	結果'
儘管應該力求完美，但總有意見不同的時候。可以循序漸進地磨合溝通	當然會反省，不過雙方想法上的差異也變得明確，令人放心。修正後再提案

※回顧在企畫提案失敗時自我否定的範例

基本概要

　　「ABC 理論」認為，在事件與結果之間，存在著隨著「信念」不同而相異的解釋，而此差異往往會左右結果。ABC 理論是亞伯特・艾里斯（Albert Ellis）提出的理性情緒治療的核心思想，ABC 分別代表「事件」（Activating Events）、「信念」（Belief）與「結果」（Consequence）等三種要素。

　　即使遇到同樣的事件，每個人會產生的情緒與採取的行動都不盡相同，而之所以會出現這種差異，其實是因為受到潛意識中的信念所影響。只要鎖定非理性的「必須」（做到）思維，區分適切的感情與不適切的感情，便能修正行動或思維。當自己或團隊成員感到過分不安或恐懼，或陷入不必要的消沉時，ABC 理論都能有所助益。

思考方法

① [列出目標或需求]：將目標、需求等自己所盼望的事情或狀態寫下。請特別著眼於希望獲得成功或承認的事物。

② [列出成為阻礙的事件]：寫下在追求**①**的過程中會形成阻礙的事件。請特別著眼於失敗的事件或遭到他人拒絕的事件。

③ [寫下結果]：寫下遇到形成阻礙的事件後有什麼結果、有什麼樣的感覺、產生什麼樣的情緒變化、最後做出什麼決定。

④ [將信念文字化]：將事件與結果之間的信念文字化（意識化）。所謂信念，指的是自己所相信的價值觀、想法、觀點、認知、意義、哲學、態度等，泛指接受或感受事物的方法。另外，若單靠自己難以將信念化為文字，可以請值得信賴的人協助。

⑤ [確認信念是否適切]：確認已意識化的信念中，有沒有過分否定自己、過分悲觀的信念。請找出「必須」、「絕對」等強迫性的想法，或是受社會價值制約的「應該」論調，釐清這個信念是否真的正確、究竟有沒有那種義務、能不能為自己的幸福或工作能力帶來貢獻。

⑥ [更新不適切的信念]：進行修正，以健全的信念取代令自己痛苦的信念。

促進思考的提示

列出「必須……」的想法

　大多時候信念都存在我們的潛意識中，並非全都能立即意識化。

　若平時就先釐清當情緒起伏、意見相左、思緒紊亂時，背後隱藏著什麼樣的「必須……」的想法，並化為文字（例：右圖），思考就會更順暢。

- 領導者必須完美地完成每一件事

- 每個創意都必須具有獨特性

- 每個人都必須擁有為社會奉獻的偉大夢想

<table>
<tr><td>45</td><td># 內觀法
透過內省來了解自己</td></tr>
</table>

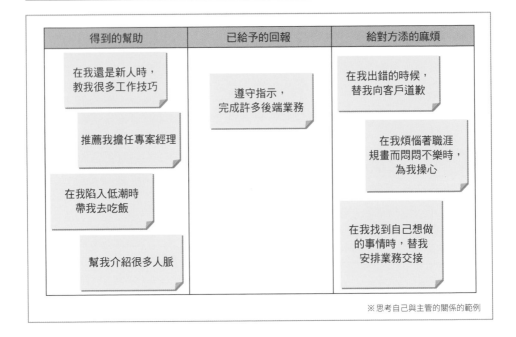

得到的幫助	已給予的回報	給對方添的麻煩
在我還是新人時，教我很多工作技巧	遵守指示，完成許多後端業務	在我出錯的時候，替我向客戶道歉
推薦我擔任專案經理		在我煩惱著職涯規畫而悶悶不樂時，為我操心
在我陷入低潮時帶我去吃飯		在我找到自己想做的事情時，替我安排業務交接
幫我介紹很多人脈		

※思考自己與主管的關係的範例

基本概要

「內觀法」是觀察自己的內心，藉以了解自己的方法；源自淨土真宗的精神修練法，現在也被應用於心理治療。重新觀察自己與工作夥伴或主管等熟人之間的關係，針對「得到的幫助」、「已給予的回報」、「給對方添的麻煩」這三個項目進行反思。

在思考上述項目的過程中，我們會發現自己對他人的歉疚與感激，進而察覺在人際關係或溝通上的問題中，自己也有應該反省的地方。最後再將這個發現或改變應用於解決問題或改善彼此的關係上。

一般是找個安靜、可集中精神的地方，用一星期內觀，但本書的目的是將其應用在日常生活的回顧或反省中，故只介紹概略的流程。

思考方法

1 ［設定相關人物］：列出平常在工作和生活中有交集的人，從中找出想要改善關係的對象，或與目前面臨的問題有關係的人。

2 ［回顧自己得到的幫助］：針對**1**列出的對象，思考對方「為自己做過的事（自己受到照顧的地方）」並記錄下來。請抱著感謝的心情回憶。

3 ［回顧自己已給予的回報］：思考「自己為對方做過的事（回報）」。回憶自己曾因為什麼事而對對方有所貢獻。

4 ［回顧自己給對方添的麻煩］：接著，思考自己曾「給對方添的麻煩」。主要針對讓對方困擾或擔心的事情。另外，也請回憶當時對方的心情，並一併寫下。透過這個過程，思索自己的行動或想法是否有問題；若有，問題又是什麼？

5 ［留意變化或發現］：聚焦於在內觀步驟**2**～**4**中，對對方的感覺以及自己在行為、想法上的改變與發現。請思考如何將這些改變或發現應用在未來溝通或建立關係時。

促進思考的提示

原諒他人才能原諒自己

　　時時對他人懷抱感謝之意，能幫助自己接納、原諒他人。而這麼做，也能幫助我們原諒自己。

　　相反地，假如總是看別人的過錯，也會變得難以認同自己。比起互相否定，思考互相認同、互相提攜的方法，才更重要。

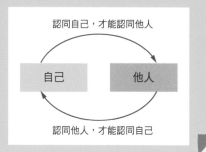

認同自己，才能認同他人

自己 → 他人

認同他人，才能認同自己

46 相對思維
用線性而非點狀來思考

主張：讓員工自由發揮，自然會有所成長

對象	狀況	措施
田中	基本的知識、技術都不足	需要學習基礎。打穩基礎後，再進行OJT
木村	有基本知識和技術，但經驗稍嫌不足	有一些工作想交給他，找他聊聊，確認他本人的意願
須貝	知識和技術都已熟習。幹勁十足	將一部分決定權交給他，嘗試讓他負責專案
遠藤	知識和技術都已熟習。貌似也很有興趣培育年輕人	某種程度讓他自由發揮。請他一邊帶新人，一邊提昇技術

田中　　　　木村　　　　　　　須貝　　遠藤

熟練度（低） ←————————————————————→ 熟練度（高）

到達此等級後再自由發揮效果較好

基本概要

　　所謂的「相對」，是指事物處於與其他事物比較時的狀態。相對地，如果沒有和其他事物比較、不受制約的狀態，則稱為「絕對」。在工作場合中必須留意的，就是幾乎每件事情都是相對的。

　　例如對某人而言，嚴厲的指導才能讓他充滿幹勁，但對別人而言，這可能會是一種負擔。無論是工作模式或待人接物的方法，都沒有絕對的正確答案，如果把一般認為正確的理論或過去的成功經驗視為真理，恐怕會導致摩擦。

　　「相對思維」是一種用相對的觀點看待事物，考慮當時身處的狀況再發揮創意或做決策的思維。

思考方法

1 [寫下主張]：確認自己或他人提出的主張。左頁是在討論如何培育員工時，有人提出「讓員工自由發揮，自然會有所成長」時的範例。

2 [確認是否符合每一種狀況]：思考**1**的主張是否能符合所有狀況。以範例而言，就是思考「應該讓員工自由發揮」的主張是否適用於每一名員工。逐一檢視過後，便能發現有些員工的確適合自由發揮，但有些員工比起自由，可能更需要指導。

3 [思考應考慮的變數]：思考符合主張與不符合主張的狀況之間有何差異，並思考作為差異基準的變數。在範例中，我們可以得知必須考慮的是員工的「熟練度」。

4 [確認主張的定位]：確認以在**3**找出的變數為基準時，可以將原本的主張定位在什麼程度。請更明確地敘述主張，如「當員工的熟練度達到某種水準，就應該提升其自由度，但熟練度未達水準者則否」。

5 [以相對思維進行思考]：以相對的角度檢視，重新思考適合每個狀況（在範例中是員工）的措施。

促進思考的提示

「點狀思維」與「線性思維」

　　將思維相對化，也可說是將「點的思維」延伸為「線或面的思維」。當思維從點延伸到線、從線延伸到面，創意也能不斷擴充。此外，體認到事物有「中間」的存在，也有助於接納他人的意見。

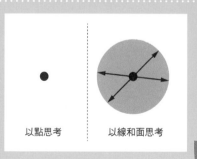

以點思考　　以線和面思考

47 抽象化思維

將個別的事物當作一個集合來思考

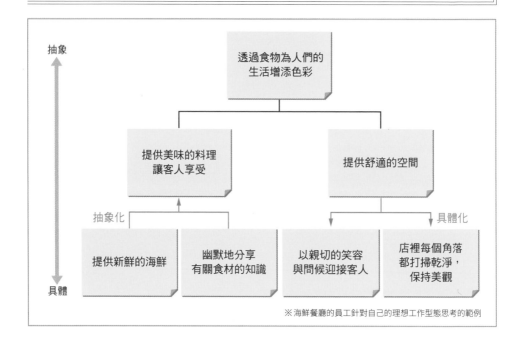

抽象

透過食物為人們的
生活增添色彩

提供美味的料理
讓客人享受

提供舒適的空間

抽象化

提供新鮮的海鮮

幽默地分享
有關食材的知識

以親切的笑容
與問候迎接客人

具體化

店裡每個角落
都打掃乾淨，
保持美觀

具體

※海鮮餐廳的員工針對自己的理想工作型態思考的範例

基本概要

　　「具體與抽象」是兩個重要的思考主軸。「具體化思維」是將事物的意義或狀態加以細分，清楚而明確地進行思考，例如將思考對象要素分解（參照→ 06 ）。

　　而本單元介紹的「抽象化思維」，則是從個別分散的事物中找出共通點，將其視為一個大的集合來思考的方法；重視整合勝過分解，重視整體集合勝過部分集合。

　　在工作場合中，將具體化思維與抽象化思維合併使用極為重要。具體化思維的強項在於有助思考與行動直接相關的部分，而抽象化思維的優勢，則發揮在理解整體與各個部分的關係，以及思考事物的本質。若想釐清究竟要思考什麼、為什麼要思考，並將結果分享給他人，抽象化思維可謂不可或缺。

思考方法

① [列出思考內容]：列出目前正在具體思考的資訊。假如餐廳員工在思考「店裡的清潔工作」、「親切地接待客人」等，請寫下這些內容。

② [找出共通點，加以抽象化]：從列出的資訊中找出共通點，並將其視為一個籠統的整體。例如，在上述的例子中，存在著「提供舒適的空間」這個共通點。不斷把思考推向更高的層次，例如從清潔、接待客人延伸至「提供舒適的空間」這個較大的集合，接著再推向更大的集合「透過食物為人們的生活增添色彩」，便是抽象化思維。

> **例** **思考的切入點**
> 難以找出共通點時，可以試著著眼於事物間共通的「特徵」、「屬性」、「意義」，從自己思考這些要素的目的切入，站在更高的位置來比較列出的要素。

③ [整理階層]：整理抽象度（集合的大小），排出階層，使整體與部分可以一目瞭然（參照左頁圖）。尤其是由多人一起思考或討論一件事情時，假如每個人思考的階層不同，討論就無法聚焦，因此必須事先確認。

④ [觀察整體，補足遺漏]：整理好階層，以抽象度較高的視角綜觀全體，若發現思考不周的地方，則應反過來深入思考（具體化）。

促進思考的提示

單純抽象與達成抽象化的差異

前面介紹了抽象化思維的優點和運用方法，而必須注意的是，沒有伴隨具體的「單純抽象的狀態」，只會讓思維模糊籠統，無法促進下一步行動。

請將具體資訊與抽象資訊串連起來，打造能在具體與抽象之間往返的狀態。

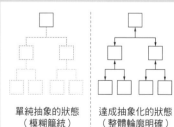

單純抽象的狀態　　達成抽象化的狀態
（模糊籠統）　　　（整體輪廓明確）

　　第4章以提升專案執行力為主題，介紹了各種有助改善的思維。本單元將利用改善思維最具代表性的框架「PDCA」，進一步掌握應用於日常工作的感覺。不論是回顧專案或日報都適用，請配合自己的狀況靈活運用。

利用檢核表寫出 PDCA 的內容

　　PDCA 循環是由「計畫（P）→執行（D）→檢核（C）→行動（A）」等 4 個步驟所組成。

　　觀察解決問題的現場，經常可以看見一種狀況：儘管顧及了 P → D → C → A 這種以「步驟」為單位的循環，卻忽略了 PDCA → PDCA → PDCA 這種以「循環」為單位的循環。

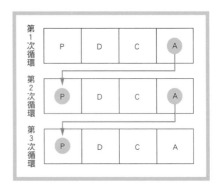

　　在這種狀態下，就算透過回顧找到了問題所在，也可能會重蹈覆轍。在展開第二次循環時，請務必仔細確認在第一次循環中文字化的內容。

更具體地思考行動

　　在 PDCA 循環中思考 A → P 的連接時，希望各位特別留意兩點注意事項。第一點是「具體思考改善方案的內容」，第 2 點是「思考改善方案的好處」。

　　倘若改善方案的內容太過模糊，或只是不切實際的精神喊話，便難以在下個循環中應用。請一併提出行動內容或決策基準等，思考具體而言要改變什麼。

　　而「思考改善方案的好處」，則是指針對改善方案問「Why」。除了採用這個改善方案的原因之外，也必須思考還有沒有其他方案。從多個選項中挑選，可以提高滿意度，同時有助於在下一個企畫中有效運用。

進行第一次 PDCA 循環

接下來將以改善公司經營的網站為例，進行思考。為了改善原先只重視文章數量，內容的紮實度卻稍嫌不足的狀況，因此思考提升品質的方法，並開始執行。

計畫	執行	檢核	行動
將本來重視文章數量的網站改為重視品質。將新文章數量減半，維持瀏覽次數	增加每篇文章的字數，使內容更紮實。結果文章篇數減半，瀏覽次數卻增加為1.4倍	內容變紮實，使得每篇文章在社群網站的分享數與相關文章的瀏覽次數都提升了	維持現在的文章品質，同時增加讓人想在社群網站上分享或點閱相關文章的誘因

依據第一次的結果，進行第二次循環

確認第一次循環，建立下一個假設，以期獲得更好的成果。請進一步思考在第一次循環的執行寫下的內容，規畫第 2 次循環的計畫。

計畫	執行	檢核	行動
將分享至社群軟體的按鍵設計得更明顯。相關文章與關鍵字皆以連結顯示。目標為瀏覽次數＋10%	變更社群軟體分享鍵，調整轉跳頁面的連結。瀏覽次數停滯在＋6%	調整後的轉跳頁面成效良好，繼續實施；但分享至社群網站的成效並未因更改設計而提升，故需要改善	使用更吸睛的文章標題與圖片，提高人們分享至社群軟體的意願

接著要討論的是「目標」。以 PDCA 來說，目標就相當於在 P（計畫）階段思考的內容，是執行專案時不可或缺的要素。

設定「狀態目標」、「行動目標」與「學習目標」

在執行專案或日常的工作時，都必須設定「目標」。接下來我們將把目標細分成「狀態目標」、「行動目標」與「學習目標」等三種目標來思考。

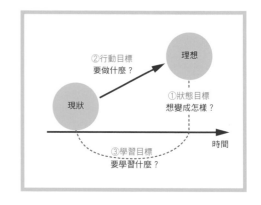

狀態目標是思考自己心中理想的狀態。例如「每月營業額一千萬」、「本公司產品市占率成為業界 No.1」等。

行動目標是思考為了實現理想中的狀態所應採取的行動。假設狀態目標是「每月營業額 1000 萬」，則思考出的具體行動便可能是「每個月多跑 10 個新客戶」、「製作行銷專用的到達頁面，投放廣告」等。

學習目標則是思考在行動的過程中可學習到什麼。例如在「製作行銷專用的到達頁面，投放廣告」這個行動的過程中，可以學習到「如何撰寫能觸動人心的文章」、「在短時間內重複循環 PDCA 的技巧」等。

除了商業性指標，也應重視學習指標

一般在工作中提出的目標，大多只有狀態目標與行動目標兩種。為了達成目的，說這兩種目標絕對必備也不為過。

不過，若想挑戰新事物、提升效率與產能，行動的主體——也就是自己也必須成長才行。設定學習目標，便能有計畫地學習，促進成長。

思考團隊目標

　　讓我們來思考並準備執行專案時整個團隊的目標。以下範例，是預備提出與其他公司之聯名商品企畫的專案團隊。

狀態目標	・目標為一年營業額增加1,000萬 ・增加顧客數（新顧客比去年增加10%以上）
行動目標	・開發聯名商品 ・到以往沒接觸過的1,000間以上店家跑業務
學習目標	・學習與其他公司共同開發產品的方法 ・學習執行專案的知識

思考個人目標

　　設定了組織的目標之後，接下來要設定個人目標。請思考自己對團隊能有什麼貢獻，以及自己在此過程中想學到些什麼。

狀態目標	・獲得10間以上的新客戶允諾販售聯名商品
行動目標	・到100間以上的新店家跑業務 ・聽取100名以上的使用者心得
學習目標	・鍛鍊能傳達產品魅力的說話技巧 ・學習打造輕鬆交談氣氛的要訣

第 4 章練習 ❸

重複 PDCA 循環以改善業務內容的步驟，以及透過執行專案學習新知的步驟，都必須搭配反思。以下將介紹一種反思的手法，作為第 4 章的最後一個練習。

利用 KPT 反思每一天

「KPT」由「保持」（Keep）、「問題」（Problem）與「嘗試」（Try）等三個項目組成，是一種回顧工作狀況或結果的手法。為了避免反思變成單純的心得分享或對個人的攻擊，可以利用 KPT 來設定思考框架。運用時請依照下列三個步驟，表格樣式如右頁的圖。請將各位正在執行的業務、專案或活動設定為主題，並試著運用。

①寫下可以繼續保持（成效良好）的部分
②寫下有問題（需要改善）的部分
③寫下準備嘗試（解決方案）的內容

此外，在檢視 KPT 的各項目時，若能抱持以下觀點，將有助於思考。

步驟①	Keep 保持	活動中什麼事情令你有成就感？什麼事情令你感到愉快或滿足？
		自己的行動有什麼成功的地方？為什麼成功？
		別人的行動有什麼令你覺得好的地方？為什麼好？
步驟②	Problem 問題	有沒有遇到挫折或阻礙達成目標的事？
		在活動中有沒有令你困擾、煩惱或必須忍耐的事？
		有沒有令你覺得以這個團隊來說應該可以做得更好的地方？
步驟③	Try 嘗試	該怎麼做，才能更有效率地執行 Keep 欄位所寫的內容？
		該怎麼做，才能解決 Problem 欄位所寫的內容？
		下一個目標或行程表的輪廓是？

用 KPT 進行反思

KPT 的基本型態，就是用下方的 3 個欄位來思考。先在左邊寫出「保持」和「問題」，再以此為基礎，在右邊思考「嘗試」。下圖是在活化商店街專案中實施創意馬拉松（Ideathon）時的 KPT。

Keep 保持	Try 嘗試
・吸引的參加者超過目標人數 ・讓更多人理解這個活動的意義 ・文宣組岸田寫的文案引起許多人共鳴 ・當天節目規畫得很棒，大家也拋出許多創意 ・專案的 logo 和插圖評價都很好	・未來要統一分享資訊的工具和方法。溝通用 Slack、資料管理用 Google 雲端硬碟、工作一覽表放在 Trello。每週三進行一週回顧 ・深入探討現場的課題，讓商店街成員在文宣上露臉 ・站在參加者的立場，將專業用語與外來語減到最低 ・更新網頁，更清楚地說明活動的意義和背景。增加可用電子郵件登錄的功能 ・強化與行政部門的聯繫
Problem 問題	
・專業術語太多，有些地方難以理解 ・沒能掌握彼此的進度，令人感到不安 ・行政人員的參與度不足 ・沒有留下對活動感興趣的人的資料（電子郵件信箱等）	

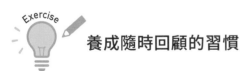

養成隨時回顧的習慣

KPT 不論個人或組織都適用，但若想一口氣反思長時間的內容，很可能只看得到數值化的資料，較難思考具體的問題所在。因此，請利用筆記或日報，每天簡單進行當日的回顧。每天只花 10 分鐘或 15 分鐘，請留下思考 KPT 的時間，累積反思的材料。

專欄 | 用「Yes, And」來思考

　　由眾人一同針對某件事物進行思考時，應該具備「Yes, And」的基本概念。這個概念的重點，就是不用「No」來否定別人的意見，而是先用「Yes」來肯定並接受對方，讓思考和對話能繼續。

不要用否定拋棄，而是用肯定拾回

　　彼此交換意見時，倘若大家提出的創意一直被否定，往往會營造出一種讓人不敢積極提出構想或意見的氛圍。

　　比起否定，肯定更能鼓勵人提出創意，而更進一步提升創意品質的概念，便是「Yes, And」。

添加自己的想法後還給對方

　　具體來說，就是抱著「Yes！」（很棒）的心態，接納對方的意見。在這個階段，即使認為對方的創意缺乏具體性、感覺有些不切實際，也都將其視為創意的種子而接納。接著，請以「And……」（如果要做得更好）的觀點，在創意中加上自己的想法之後還給對方。

　　如上所述，一個人提出創意，另一個人就用「Yes, And」來添加想法；針對已添加其他想法的創意，還可以再重複「Yes, And」。因此這可謂是一種雙向且富有建設性的思維。

在別人的「1」加上小小的「0.1」，使棒次串連

　　「Yes, And」的概念，就是假設一個人提出的創意或意見是「1」，我們必須予以尊重，同時加上自己「0.1」的想法，將創意變成「1.1」，再交棒給下一個人。思考，並非一個人單獨進行的工作，能和自己一同思考的夥伴，是無可取代的寶物。仔細聆聽別人的聲音，觀察背後的因素，思考該如何讓創意變得更好，並繼續連結下去。希望各位能重視這種循環，也就是思考的串連。

第5章

提升分析能力

提升分析能力

第 5 章要介紹的，是在蒐集資料、驗證假設等分析階段時可作為參考的思維架構。請隨時注意自己如何接收處理資訊，同時善加運用本章所介紹的思維。

做決策需要分析能力

分析的意思，就是透過分解和比較來掌握事物的結構，找出有助於進行決策的素材。例如在考慮是否要投入新市場的時候，若貿然做出決策，便與賭博沒兩樣。我們必須分析這個市場未來的趨勢是擴大還是縮小？背後有哪些影響因素？公司的優勢是否適合在這個市場生存？在蒐集決策所需的資訊時，若能先了解本章所介紹的思維，思考將會更順利。

分析前先釐清目的與假設

進行分析之前，必須先設定目的。例如「掌握營業額下滑的原因，思考因應對策」，就是常見的目的。

而根據此目的決定分析對象時，則需要建立假設。所謂的假設，就是針對某個問題暫時提出的答案。準備一個暫用的結論「或許是這樣吧」，再驗證它是否正確。假設之所以重要，是因為面對龐大的調查、分析項目，我們必須決定優先順序。

例如，在分析營業額下滑的原因時，應該先提出「會不會是因為營業時間縮短的緣故？」、「或許是因為開發新產品的頻率降低了？」之類的假設，而非逐一檢視公司內部的資料。根據假設蒐集資料，能提高分析的效率。本章將依序介紹核心問題思維、假設思維、框架思維等，讓我們一起學習考慮分析目的與對象時的思考方式，以及具體的分析手法。

分析的基本：「分解」與「比較」

在分析發現問題、設定課題、擬定策略、溝通等各種狀況時，「分解」分析對象是非常重要的。分解後針對局部思考，或比較多個局部，便能獲得有意義的判斷材料。

例如將「提升營業額」這個龐大的主題分解成產品、促銷手法、價格設定等各個需要思考的部分，就是「分解思維」。另外，比較去年與現在的狀況，或比較本公司與競爭對手狀況的「比較思維」，也很有助益。請利用這些思考方式，使解決問題的各個步驟更清晰。

至於思考該分解什麼，除了本章的內容之外，亦可參考第 1 章介紹過的「要素分解」。

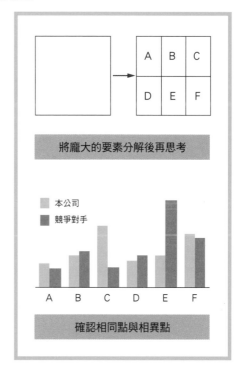

將龐大的要素分解後再思考

本公司
競爭對手

A B C D E F

確認相同點與相異點

聚焦於事物之間的關係

處理資訊或資料時的重點，就是掌握事物之間的關係。表示關係的概念，以「相關」和「因果關係」最具代表性。當一方的變量增加，另一方也隨之增加；或是當一方增加時，另一方就減少，這種關係就稱為相關。而當一方是原因，另一方是結果時，則稱為因果關係。

本書已透過各種切入點來思考問題，而「問題」其實正是某些原因造成的「結果」。為了準確掌握導致問題的原因，採取正確的措施，請務必提升對因果關係的理解。

48 假設思維

反覆驗證假設，提高結論的品質

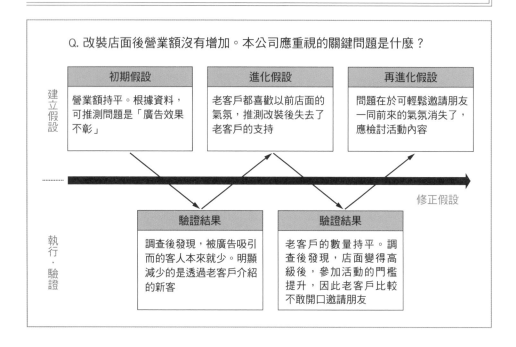

Q. 改裝店面後營業額沒有增加。本公司應重視的關鍵問題是什麼？

	初期假設	進化假設	再進化假設
建立假設	營業額持平。根據資料，可推測問題是「廣告效果不彰」	老客戶都喜歡以前店面的氣氛，推測改裝後失去了老客戶的支持	問題在於可輕鬆邀請朋友一同前來的氣氛消失了，應檢討活動內容

修正假設

	驗證結果	驗證結果
執行・驗證	調查後發現，被廣告吸引而的客人本來就少。明顯減少的是透過老客戶介紹的新客	老客戶的數量持平。調查後發現，店面變得高級後，參加活動的門檻提升，因此老客戶比較不敢開口邀請朋友

基本概要

「假設思維」是針對問題建立一個「假設」作為暫時性的答案，接著驗證該假設的正確性，以提高結論品質的思考方式。這個思維最大的特徵，就是能在有限的時間中加速解決問題。

假設思維在思考時，並不會「蒐集所有資訊並導出結論」，而是利用手邊現有的資料或較易取得的資料，提出一個「暫時性的結論」。透過暫時性的結論綜觀全局，鎖定目標後，便能蒐集必要的資訊，進行分析。

此外，假設思維在「發現問題（結論＝必須解決的問題）」與「思考解決方案（結論＝解決方案）」等兩種狀況皆適用，而本書主要介紹在發現問題上的應用。

思考方法

1 ［建立假設］：針對欲思考的主題提出自己的假設。例如狀況是「營業額無法成長」，便可根據手邊的資料或過去的經驗，假設問題可能出在什麼地方。左頁範例提出的假設是「廣告效果不彰」。

補充 何謂假設

假設意指解決問題過程中的「暫時性答案」（暫時性結論）。當不知該建立什麼假設時，可以對目前觀察到的事實提出「為什麼？」的質疑，抱著「試圖說明該狀況為什麼會發生」的態度思考。可應用於深入思考假設的方法，包括 Why 思維（參照→**56**）以及溯因推理（參照→**05**）。

2 ［驗證假設］：追加查詢所需的資料，驗證假設的正確性。方法包括確認顧客資料、模擬執行方案、訪談、問卷調查、行動觀察等。具體而言，就是觀察試用品或方案模擬執行後的反應，或聽取顧客或旁人的意見，將假設與事實之間的差距視覺化。請考慮假設的規模與驗證假設時所需的成本，選擇最佳的驗證方式。

3 ［提出進化版假設］：根據驗證結果，建立下一個假設（進化後的假設）。實際驗證後，若得知問題並不在「廣告效果不彰」，而是「難以推薦他人」，便可針對這一點深入思考。接著再重複「**1**假設→**2**驗證→**3**提出進化版假設」的循環，導出最終結論（在本例中是應解決的問題）。

促進思考的提示

不斷嘗試錯誤，尋求最佳解答

　　在實踐假設思維時，最重要的就是認清「不可能一開始就找到百分之百正確的答案」這個前提。假設思維並非花時間慢慢蒐集資訊、進行分析，而是在一定時間內增加驗證假設的次數，或是一邊行動，一邊提高驗證的精準度。

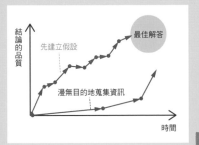

49 核心問題思維

思考正確的問題（核心問題）

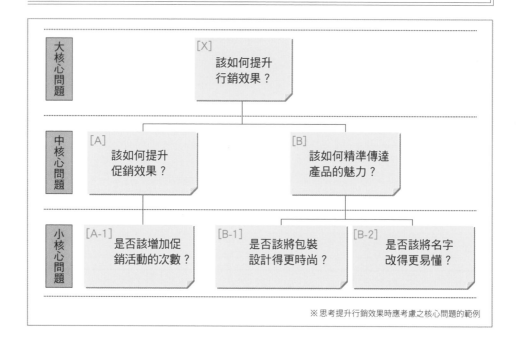

※思考提升行銷效果時應考慮之核心問題的範例

基本概要

在眾多問題當中，「真正應該解決的問題」（以及為了解決這個問題而應該處理的課題），就稱為「核心問題」；而有助鎖定核心問題的思維，就是「核心問題思維」。無論提出多麼完美的解決方案，倘若一開始的問題就設定錯誤，先前的努力便化為泡影。

例如，儘管目的皆為提升行銷效果，將核心問題設定為「該如何改變促銷方法？」與設定為「該如何準確地呈現出產品的魅力？」的思考流程也截然不同。行動固然重要，但事實上如果什麼都想要，則很可能導致一事無成。請利用核心問題思維，鎖定真正應該思考的核心問題（問題的癥結點），更精準地解決問題。

思考方法

1 [列出所有想得到的核心問題]：想找出最關鍵的核心問題，第一步就是把所有能想得到的核心問題列出，加以視覺化。在每天的工作中，也應該提醒自己「懷疑對方提出的核心問題」。面對核心問題時，先別急著漫無目的地思考具體對策，而應該釐清「這真的是最應該解決的問題嗎？」

2 [鎖定並確定核心問題]：從列出的核心問題中鎖定實際要思考的問題。核心問題可從三個面向檢視：第一，被視為核心的問題能不能獲得解決？假如是明顯不可能解決的核心問題，在這個階段就可以排除。第二，執行解決方案所需的技術、資源、制度是否可建立？如同第一點，假如解決方案根本無法執行，無論怎麼思考也無法獲得最終的成果。第三是成果的大小，解決後可獲得的成果愈大，就表示該核心問題愈重要。

3 [整理核心問題]：當核心問題變得明確，便可將其整理成如左圖的問題樹（issue tree），加以視覺化。問題樹是將核心問題依照大小整理成的樹狀圖，假設正在討論的核心問題是〔A－1〕，而其上位的核心問題〔A〕有誤，那麼無論再怎麼思考，問題也無法解決。這時必須回頭檢視更上位的核心問題〔X〕，同時也必須思考〔B〕。請掌握整體輪廓，再逐一修正核心問題。

促進思考的提示

在思考如何解決之前，先思考該解決什麼

隨時把「那真的是最需要解決的問題嗎？」這個問題放在腦中，對培養提升解決問題思考能力來說非常重要，因此再三重複。在思考如何解決（How）之前，請再思考一次該解決什麼（What）以及為什麼要解決這個問題（Why），找出眼前問題的癥結點。

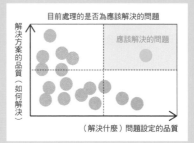

50 框架思維

靈活運用思考的「格式」，有效率地思考

	本公司	競爭對手A	競爭對手B	競爭對手C
產品 Product	可分析到訪次數與關鍵字配置	產品功能比本公司簡單。只能分析關鍵字	關鍵字推薦與地圖製作功能優異	特別著重自動追蹤競爭網站排名功能
價格 Price	買斷，售價10萬元	買斷，售價9800	月付制，1980／月	月付制，500／月
通路 Place	只在官網販售	只在官網販售	除了官網，也有代理商	只在官網販售
促銷 Promotion	網路廣告與自媒體	網路廣告，積極舉辦使用者聚會	網路廣告，積極舉辦實體活動	僅在開發人員的部落格宣傳

※分析各家公司網站分析工具・服務內容的範例

基本概要

　　框架是解決問題所需的思考架構，也可說是前人在不斷嘗試錯誤後累積的成功「格式」。而利用框架進行有效率的思考，就是「框架思維」。除了發現問題與設定課題之外，在分析、創意發想、制定策略・戰術等場合中，框架思維也都能派上用場。

　　框架的種類豐富，可應用於各種目的，例如針對產品、價格、通路、行銷等項目思考的「4P」，以及思考自身公司、顧客、競爭對手，分析環境的「3C」等。利用框架有許多好處，特別是能掌握思考對象的整體輪廓與組成要素，在發現、分析問題時更是大有助益。框架能讓我們根據不同的目的「綜觀全局」，蒐集並分析所需的資訊。

思考方法

1 [決定要使用的框架]：根據目的，選擇要使用的框架。左頁範例設定的目的是「調查競爭對手的行銷策略，改善本公司的行銷策略」，使用的框架則是 4P。以下是可用於調查和分析的框架範例。

補充 請留意思考的偏見（bias）

PEST分析	從政治、經濟、社會、科技面切入，分析影響事業的要因
五力分析	透過5個要因掌握和分析業界的競爭結構
帕雷托分析	分析累積量與比例的關係，決定投入資源的目標
價值鏈分析	將產品從製造到供給的流程加以分解，進行分析

※ 上述框架的介紹請參閱本書書末附錄

2 [整理資訊，推進思考]：根據框架來蒐集資訊，進行思考。依照目的，進行決策、判斷或提出創意。例如，假如分析結果顯示通路還有改善的空間，便重新檢視通路相關策略。

3 [加深對框架的理解]：檢視框架的使用方法是否正確，加深對框架的理解。

促進思考的提示

用來形成假設或用來驗證

框架可用來「形成假設」，找出必須思考的重點；也可用來「驗證」，以利找出在自力思考一番後，一般而言還應該思考哪些重點。為了強化思考能力，避免被框架牽著走，兩種用法都必須掌握。

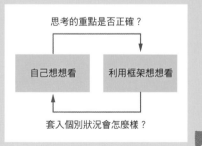

51 瓶頸分析
找出讓整個系統停滯不前的重點

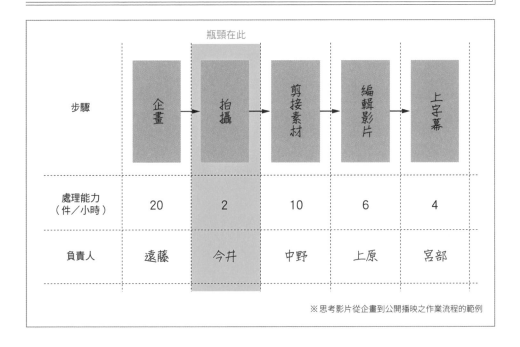

瓶頸在此

步驟	企畫	拍攝	剪接素材	編輯影片	上字幕
處理能力（件／小時）	20	2	10	6	4
負責人	遠藤	今井	中野	上原	宮部

※ 思考影片從企畫到公開播映之作業流程的範例

基本概要

「瓶頸」是在以多種工程組成的系統中，因速度太慢而影響整體產能的工程。

如右圖所示，假設將一個瓶子倒置，使水流出，則瓶頸（b）部分將會決定水最終的流量。若想增加流量，那麼增加 a 的大小是毫無意義的，必須擴大 b 才行。鎖定相當於瓶頸的部分並加以改善，便能提升業務的產能。

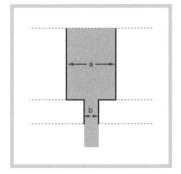

思考方法

1 [將流程視覺化]：將業務的整體輪廓與各步驟視覺化。左頁範例，是由團隊分擔一支影片從企畫、拍攝、剪接、編輯、上字幕到公開播映等各步驟的流程。

2 [將處理能力視覺化]：接著，將各步驟的處理能力視覺化。在思考處理能力時，請思考在每單位時間裡能處理多少工作。範例中，由於思考的是各項工作中「每小時可以處理幾件事」，因此單位是「件／小時」。

3 [鎖定瓶頸]：將各步驟的處理能力視覺化之後，接著必須找出成為瓶頸的步驟。範例中，「拍攝」步驟的處理能力為 2 件／小時，是影響整體產能的關鍵所在，也就是瓶頸。

4 [分析原因]：思考瓶頸的處理能力偏低的原因，如負責人的技術不足、設備不足、資源分配不均等；解決方法會隨著原因而不同。

5 [思考消除瓶頸的辦法]：思考解決瓶頸的方法。以範例而言，就是思考如何提升「拍攝」步驟的處理能力。若能將拍攝步驟的處理能力增加至兩倍（4 件／小時），整體的產能也能加倍。假如問題出在負責人的技術上，則必須檢視今井的工作方式；若問題出在資源分配上，則可以考慮讓負責企畫的遠藤去幫忙拍攝。

促進思考的提示

把資源留給「非瓶頸」部分，無助於成果

　　瓶頸以外的部分，稱為「非瓶頸」。若將瓶頸置之不理，卻把資源撥到非瓶頸部分，最終獲得的成果也不會改變。例如，就算致力於「增加企畫備案數」，只要拍攝速度沒有提升，對成果也沒有幫助。

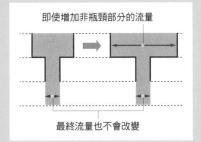

即使增加非瓶頸部分的流量

最終流量也不會改變

52 漏斗分析

將步驟之間的轉換率視覺化，思考改善方案

漏斗的概念

每經過一個步驟，
數量就減少

步驟	指標	結果	比例	目標值
網站（注意）	網站的每月到訪人數	13,450人	100%	100%
確認資訊（調查）	產品介紹頁的每月到訪人數	11,298人	84%	75%
購物車（比較）	將產品放進購物車的使用者人數	4,304人	32%	50%
購買（行動）	購買者人數	942人	7%	25%

※購物網站經營者利用漏斗分析整理資料的範例

基本概要

　　「漏斗分析」是在行銷業務中分解顧客的行為，以分析各步驟間轉換率的方法。由於分析結果呈現漏斗（funnel）狀，因此稱為漏斗分析。

　　例如，想掌握顧客在從認知產品到購買的過程中，在哪個階段進展到多少比例，就很適合使用。漏斗分析最大的優點，就是可以看清楚哪個階段的轉換率出現問題、是否有可能改善。

　　並非每位顧客都會從認知發展為購買，而是會以一定的比例減少，我們必須先理解這一點，再設計策略。

思考方法

1 [設定流程]：決定想分析的流程。設定分析區間的起點與終點，再思考要將此區間分割成什麼樣的小步驟。左頁範例思考的區間是從「到訪網站」到「購買」。

2 [蒐集資料，加以視覺化]：蒐集有關小步驟的資料。範例是先設定要測量的指標，再計算結果與比例。這裡所謂的比例，是各步驟相對於第一個步驟的轉換率。以範例來說，進展到「購物車」步驟的人，是 13,450 人的 32%，也就是 4,304 人。

3 [找出應改善的地方]：觀察整理好的資料，思考現狀的問題與需要改善的地方。此時若將數值部分圖表化，便能更輕易掌握現狀。從哪個步驟開始出問題、原因為何，是最基本、必須考量的。事先設定各階段的進度目標，有助於發現問題或需要改善的地方。此外，假如各步驟的轉換率都很順暢，則可考慮提高第一個步驟的數值，再具體設計改善措施並付諸行動。

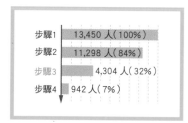

促進思考的提示

可搭配消費行為模式

漏斗分析非常適合與整理顧客購物時心理變化的「消費行為模式」一同使用。了解「AIDMA」及「AISAS」等典型的消費行為模式，便能更靈活地運用漏斗分析。

AIDMA	AISAS
Attention（注意）	Attention（注意）
Interest（興趣）	Interest（興趣）
Desire（欲望）	Serch（調查）
Memory（記憶）	Action（購買）
Action（行動）	Share（分享）

※AISAS為電通股份有限公司的註冊商標

53 相關分析

思考兩個變量間的相關

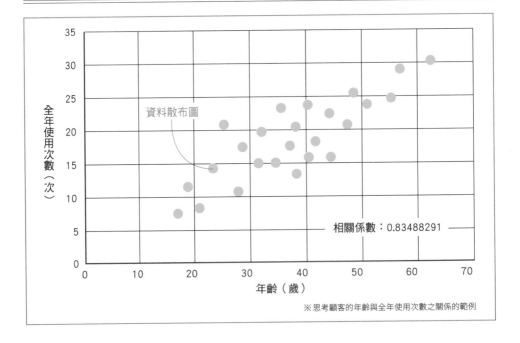

資料散布圖

相關係數：0.83488291

y軸：全年使用次數（次）
x軸：年齡（歲）

※思考顧客的年齡與全年使用次數之關係的範例

基本概要

　　若兩項資料（變量）中的其中一方增加，另一方便會隨之增加或減少，則兩者之間的關係稱為「相關」。例如「氣溫與冰淇淋的銷路」、「訂單數與營業額」等關係，就是相關的典型例子。確認兩者之間的相關，是精確掌握資料特徵的重要技巧，也是思考因果關係時必備的過程。

　　透過「相關分析」，可確認兩者是否相關、相關性有多高，而「散布圖」便是執行相關分析的工具之一。散布圖是掌握兩項資料是否相關，並將兩者關係的強弱視覺化的手法，可用 Excel 表單製作。本單元將介紹如何判讀利用散布圖呈現的相關狀態。

思考方法

1 [蒐集資料，製作散布圖]：蒐集兩種變量的資料以製作散布圖。準備以兩個變量為軸的二維平面，將蒐集的資料填入圖中。可以直接使用 Excel 的「散布圖」功能製作。

2 [思考兩者的關係]：確認兩個變量之間是否相關。若一個變量增加，另一個變量也隨之增加，稱為「正相關」；若一方增加，另一方便減少，則稱為「負相關」。左頁範例為正相關。另外，若兩者之間沒有關係，則稱為「無相關」。除了正負之外，相關還有高低之分；相關性高的散布圖形狀會接近直線。

補充 相關係數 R

相關係數 R 是常用於將相關的有無或高低視覺化的指標。R 愈接近 1，就表示兩者具有高度正相關，愈接近 -1，則表示兩者具有高度負相關。本書雖無介紹相關係數的計算方法，但希望各位讀者了解判斷相關性的指標。另外，在 Excel 中亦可利用 CORREL 函數計算。

相關係數R值與相關性的關係

相關係數R值	相關性
-1 ～ -0.7	高度負相關
-0.7 ～ -0.5	負相關
-0.5 ～ 0.5	無相關
0.5 ～ 0.7	正相關
0.7 ～ 1	高度正相關

出處：《會分析是基本功，看懂結果才最強》（柏木吉基著／好優文化）

促進思考的提示

正相關與負相關

前面介紹了相關分為正相關與負相關，而負相關的典型例子，就是房子到車站的距離與租金的關係；通常距離車站愈遠，租金就愈便宜。

請觀察身邊事物的關聯性，培養掌握事物連動狀況的思考能力。

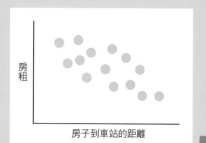

54 迴歸分析
以公式掌握兩個變量間的關係

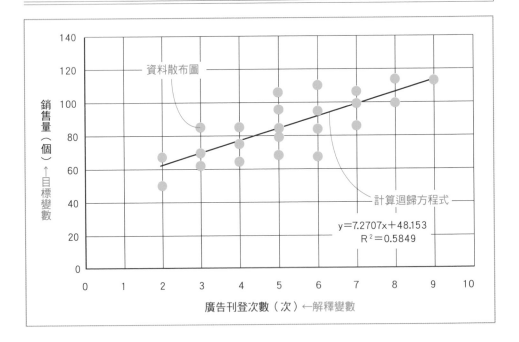

資料散布圖

計算迴歸方程式

$y = 7.2707x + 48.153$
$R^2 = 0.5849$

銷售量（個）↑ 目標變數

廣告刊登次數（次）←解釋變數

基本概要

　　上一單元介紹的散布圖，是分析兩者是否相關及其相關性高低的方法，而「迴歸分析」則是更進一步以公式表示變數間關係的思考方式。簡單說，也就是以 $y = ax + b$ 這種公式來表示變數的關係。若能以一個解釋變數（譯註：又稱自變數或獨立變數）（原因）來預測目標變數（譯註：又稱依變數或反應變數）（結果），稱為簡單迴歸分析；若需要兩個以上的解釋變數，則稱為複迴歸分析（譯註：又稱多元迴歸分析）。

　　透過迴歸分析進行思考時，必須懂得判斷「能不能用關係式來說明事物的關聯性」。若能培養用公式來理解的「公式化思維」，便能更輕鬆掌握判斷事物關聯性的線索，在透過資料預測未來趨勢、構思策略時相當有幫助。

思考方法

1 ［蒐集資料並加以整理］：準備兩個待分析關聯性的變數，蒐集資料並加以整理。在迴歸分析中，最終想預測的變數稱為「目標變數」，而用於導出目標變數的變數，則稱為「解釋變數」。

2 ［求得迴歸方程式］：利用整理好的資料導出迴歸方程式。在此不深究迴歸方程式的數學計算方法，僅介紹使用 Excel 的求法。首先用 Excel 製作散布圖，接著依序點選「新增圖表項目」→「趨勢線」→「線性」，便能繪製趨勢線。若勾選「圖表上顯示公式」，便能顯示公式。左頁範例為產品的銷售量與廣告刊登次數的關係，依照上述步驟導出「y = 7.2707 + 48.153」的迴歸方程式。根據此方程式，我們可以預測每刊登一次廣告，大約可賣出七個產品。

3 ［思考行動］：根據迴歸分析的結果預測未來，採取下一個行動，如擬定策略、分析後續追加項目等。另外，迴歸方程式的效度，則是以稱為「R 平方」（※ 在 Excel 中可與公式一同顯示）的指標來表示。R 平方的值愈接近 1，表示迴歸方程式愈正確地呈現資料的特徵。利用散布圖將相關性視覺化、利用迴歸分析將迴歸方程式視覺化，儘管都很方便，但也只能表示兩者具有在統計學上被視為正確的關係，請謹慎運用，避免以偏概全。

第 5 章／提升分析能力

促進思考的提示

從離群值獲得啟示

　　若出現嚴重偏離平均值的數值，則應考慮其對迴歸方程式造成的影響。在解決問題時若能觀察離群值，往往能幫助我們找出之前忽略的問題，或激發創意靈感。請思考為什麼會有離群值的存在。

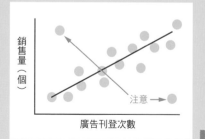

55 時間序列分析
透過時間軸來比較變化

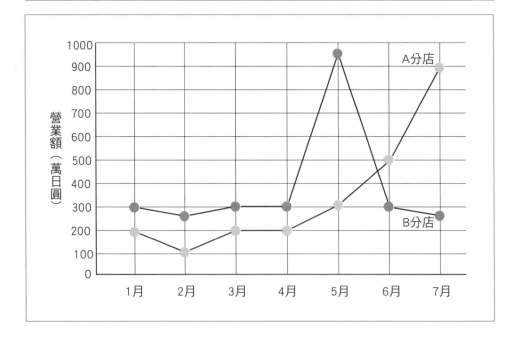

基本概要

　　「時間序列分析」是一種順著時間變化來分析資訊的方法，可用於預測未來趨勢。例如，依照時間序列將市場規模的變動視覺化，思考造成變動的因素，便能推測該市場未來的走向。

　　找到在趨勢中的定位，可以幫助我們看見從未發現的一面。例如，僅靠「本月的營業額為 500 萬」這個資訊，是無法判斷好壞的。若透過時間序列觀察營業額的消長，便能判斷這個數字代表的意義是增加或減少，進而思考應該採取的行動。順著時間軸重新檢視手邊的資訊，是養成分析式思維必備的概念。

思考方法

1 [整理資料並加以視覺化]：整理蒐集來的資料，利用曲線圖或直條圖視覺化。這時的資料種類繁多，可能有營業額、銷售量、帳號註冊數、網站瀏覽人次等有關顧客的統計數值，也有員工數、離職率等與組織相關的數值。將這些數值隨著時間產生的變動視覺化，便能擬定解決問題的策略。

> **補充** 如何設定時間軸
> 隨著時間軸的設定方法不同，能獲得的意義也會不同，因此必須事先思考如何設定。請分別以「日」、「月」、「年」等不同單位來思考間隔；有時在短期內乍看之下順利的事情，以長期的眼光看，可能會出現問題。此外，該擷取哪一段「區間」，也是必須考慮的重點。

2 [挑出重點並進行思考]：思考透過視覺化後的資料可掌握的資訊。確認哪些要素隨著時間減少（或增加）後，再進一步思考出現這種變化的原因和背後的脈絡。若有數值特別突出或變化劇烈的地方，便鎖定該部分，探討變化的主因。假如獲得像左頁範例圖表中的 A 分店一般持續成長的結果，便可確認是什麼策略促使其成長。B 分店在五月時曾瞬間大幅成長，若能釐清當時發生了什麼，便能成為構思策略的提示。

幫助促進思考的提示

看時間序列或只看一個時間點

時間序列思考的重點是特定要素在時間軸上的變化，同時，也應重視在特定時間內各種要素之間的關係。例如，順著時間序列觀察自身公司的分店數變化固然重要，但與競爭對手分店數的比較，也同等重要。請同時培養順著時序觀察與鎖定特定時間點觀察的能力。

查看時間順序

	2015	2016	2017	2018
本公司				
競爭公司A				
競爭公司B				

查看特定時間點

56 Why 思維（原因分析）

透過思考「為什麼？」深入探究問題的原因

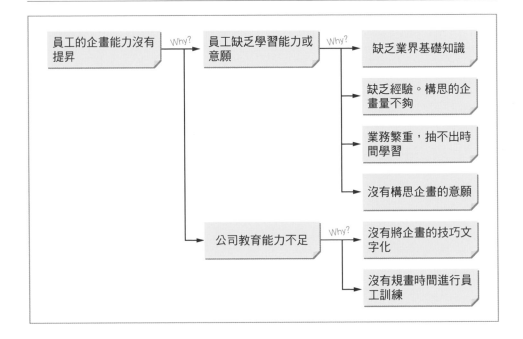

基本概要

第 4 章已經介紹過「Why 思維」（參照→ **35** ），本單元將說明如何活用此思維深入探究問題的原因。

很多時候我們即使發現了問題，不過是看見表面的問題（只掌握狀況）；在這種狀態下思考解決方案，只能治標而無法治本。在思考解決方案時，應該深究問題最根本的原因。

前述的 Why 思維（確認目的）也是提出「Why」的思考方法，但目的是「使目的明確」；本單元介紹的原因分析，則是用於「找出問題的原因」。也可說前者是對未來提出 Why，後者則是對過去提出 Why 的思考模式。本書多次強調「詢問 Why（為什麼）的重要性」，請靈活運用不同類型的思維，避免混淆。

思考方法

1 ［設定問題］：挑選欲深入探討的問題。左頁範例將「員工的企畫能力沒有提升」這個煩惱設定為問題，並深入探討。

2 ［詢問 Why ？］：對設定的問題提出「Why」（為什麼）？寫下各種可能的主要原因。

3 ［繼續問 Why ？］：針對在 **2** 中列出的原因繼續問 Why，逐一深究。接著不斷問 Why，直到認為排除該原因便能解決問題為止。豐田汽車著名的「5 個為什麼」分析法建議問 5 次 Why。

> **補充** 不可將特定人物視為原因
>
> 在思考問題原因時，請避免將「特定個人的問題」視為結論。假如將原因與特定個人連結，邏輯就可能因為受到偏見或感情影響而產生偏頗，也可能會將後續行動推給當事者，使得解決方案變成抽象的空話或訓話。請探討問題是否出在結構、系統、規則、流程、業務內容上，思考是否有改善空間。

4 ［整理問題］：整理問題的全體輪廓、各種要素之間的關聯性與上下關係。整理完畢後，再針對每個原因思考解決方案。

促進思考的提示

依序思考 What → Why → How

找出問題、鎖定原因、思考解決方案時，依循「What → Why → How」的順序，將有助思考。也就是首先鎖定問題是什麼（What），接著分析此問題為什麼會存在（Why），最後思考解決方法（How）。在解決問題過程中遇到瓶頸時，請善加利用。

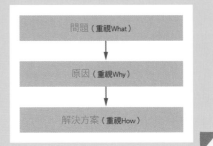

57 因果關係分析
思考原因與結果的關係

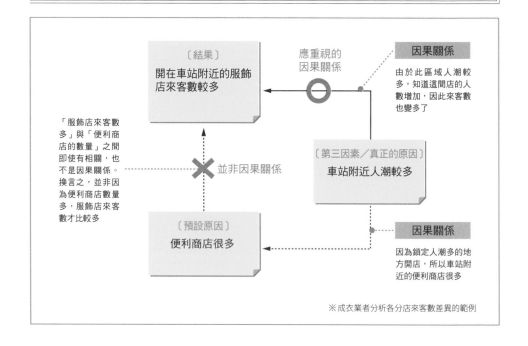

〔結果〕
開在車站附近的服飾店來客數較多

應重視的因果關係

因果關係
由於此區域人潮較多，知道這間店的人數增加，因此來客數也變多了

「服飾店來客數多」與「便利商店的數量」之間即使有相關，也不是因果關係。換言之，並非因為便利商店數量多，服飾店來客數才比較多

✕ 並非因果關係

〔第三因素／真正的原因〕
車站附近人潮較多

〔預設原因〕
便利商店很多

因果關係
因為鎖定人潮多的地方開店，所以車站附近的便利商店很多

※成衣業者分析各分店來客數差異的範例

基本概要

　　若兩項事物中的其中一方增加，另一方便會隨之增加或減少，則兩者互為相關。而兩者的相關若為原因與結果的關係，則稱為因果關係；也可用「因為 A（原因），所以 B（結果）」來表示。

　　例如，假設因為「印表機的設定錯誤」而導致「產生無謂的印刷費用」的結果，或因為「在位置好的地點開店」而帶來「營業額增加」的結果等，皆屬於因果關係。

　　只要能正確掌握問題的因果關係，便能想出正確的解決辦法。請培養掌握事物之間關係的思考力，提升分析問題的能力。

思考方法

1 [**列出可能的原因**]：針對欲分析因果關係的對象，列出可能引起結果的各種原因。左頁範例為成衣業者調查各分店的顧客人數後，針對車站附近分店顧客數較多的原因進行分析。比較車站附近分店與其他區域的分店，思考差異為何。

2 [**整理因果關係**]：參考下列「補充」中舉出的條件，對照**1**列出的原因與結果，整理出因果關係。範例中整理出的是：因為「車站附近人潮眾多」，所以出現「消費者較多」的結果。

補充 **因果關係成立的三個條件**
第一個條件是時間軸，也就是先有原因。第二個條件是彼此相關，擁有因果關係的事物必定相關。第三個條件是沒有第三因素（third factor）的存在；所謂第三因素，就是分別導致兩種現象發生的共通原因。假如兩者之間存在第三因素，便可能讓人誤以為兩件事情有因果關係。範例中，「來客數」和「便利商店數」雖然相關，但沒有因果關係（存在著「車站附近人潮眾多」這個第三因素）。

3 [**思考對策**]：掌握因果關係後，便可思考達成目的所需的對策。以範例而言，如果未來打算展店，應該以人潮多寡，而非便利商店的數量來決定地點。

促進思考的提示

了解因果關係的類型

因果關係有如「A → B」一般的單向關係（右圖上），也有循環的關係（右圖下）。循環的因果關係將在下一個單元深入介紹，許多問題都是因為互為因果而引起的。

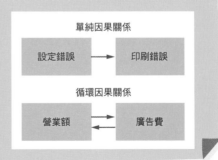

58 因果循環

掌握問題的循環結構

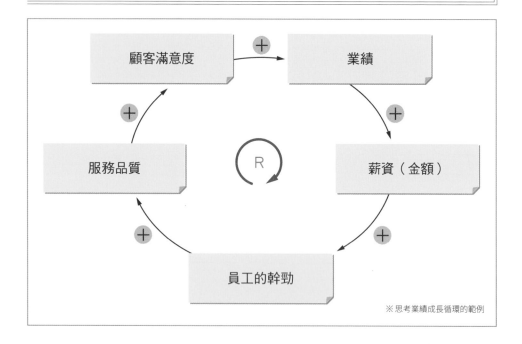

※ 思考業績成長循環的範例

基本概要

　　「因果循環」（causal loop）是指事物的原因和結果不斷循環的狀態，如「蛋的數量」與「雞的數量」，只要一方增加，另一方也會增加；也就是「A（原因）→ B（結果）」與「A（結果）← B（原因）」兩者皆成立。

　　因果循環可分為促進事物變化的「增強型循環」（Reinforcing loop），以及遏止變化，試圖維持平衡的「平衡型循環」（Balance loop）。無論是商業問題或社會問題，都是因為這些循環彼此影響而產生的。使用「因果循環圖」（causal loop diagram）（上圖），便能將形成問題的因素視為一個整體結構，幫助釐清狀態。

思考方法

1 ［思考變數間的因果］：列出可能對事物造成影響的變數，並請盡量以名詞表示。寫出目前存在的問題或行動內容、作為目標的指標、資源等之後，再針對其中較重要的部分思考。

2 ［以圖呈現彼此關係］：利用箭頭和加號、減號，將變數之間的因果關係繪製成圖。「＋」表示當原因增加，結果也會隨之增加（原因減少，結果也會減少）的「相同」關係；「－」表示當原因增加，結果便減少（原因減少，結果便增加）的「相反」關係。左頁範例中都是「＋」，因此當任何一個變數朝好的方向變化，整體就會跟著往好的方向前進；當任何一個變數朝壞的方向變化，就會產生惡性循環。當循環裡的「－」符號為偶數（包含零），便稱為「增強型循環」；若是奇數，則稱為「平衡型循環」。前者是促進變化持續進行的增強型循環，以「R」表示（左圖中央）；後者為抑制變化，保持平衡的循環，以「B」表示。

3 ［思考對策］：參考繪製完成的因果循環圖，思考解決問題的方法。假設左頁的循環圖中，由於業績下滑而陷入惡性循環，就必須想辦法斬斷負面循環，或使其轉換為正向循環。以範例而言，就必須思考能提高顧客滿意度的行銷策略，或除了薪資以外的動機增強方式，添加可截斷循環的變數。最重要的是，請事先確認針對特定因素實施策略對整體帶來的影響，避免只顧慮到局部。

促進思考的提示

平衡型循環的範例

　　左頁的因果循環圖屬於增強型循環，而平衡型循環則可參考右圖。請試著思考日常生活的事物中存在著哪些循環。

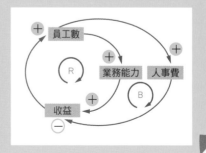

59 系統思維

釐清各要素間複雜的關係，將問題視為一個系統

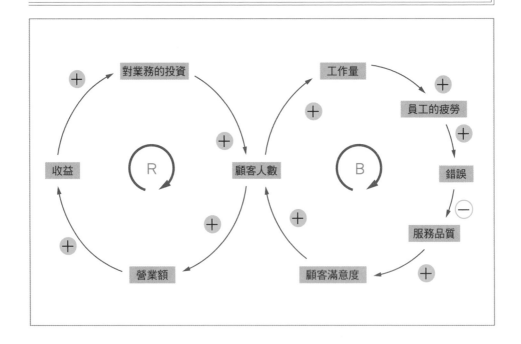

基本概要

「系統思維」是將互相影響的要素視為一個系統，理解問題的結構，以利進行改善的思考方法。此思維的優點是除了局部的因果關係之外，還能確認各要素的關聯與整體輪廓。應該掌握發生問題的結構，以解決根本的問題為目標，而非只應付眼前的部分問題。

假設現在為了解決營業額下滑的問題，而想強化業務能力。業務能力提升後，顧客人數或許會增加，但倘若「員工的疲勞導致服務品質低落」也是營業額下滑的原因之一，那麼強化業務能力很可能會造成反效果。如上所述，我們經常會遇到必須站在結構的層次去理解問題、構思策略的狀況，接下來將介紹使用「冰山模型」（詳見「促進思考的提示」）來進行系統思維的方法。

思考方法

1 ［確認已發生的事件］：仔細觀察事件，掌握事實。例如，假設煩惱的內容是「本以為顧客人數穩定成長，卻因為各種錯誤而導致事業發展停滯」，便應該針對錯誤內容、當時的組織狀態、相關人員、可能受影響的要素等蒐集資料。

2 ［將固定模式視覺化］：回溯過去，思考從前是否也曾發生過同樣的狀況，將固定的模式視覺化。釐清公司在發展停滯時發生了什麼，分析問題前後是否存在共通的變化，例如「增加了對業務的投資之後，員工便因為太過疲憊而使得事業發展停滯」等。

3 ［思考結構］：思考 **2** 的固定模式為什麼會形成，釐清造成影響的架構。探討各要素之間的關係，將因果關係視覺化。利用因果循環圖（參照→ **58** ）等方法，假設此固定模式的結構，反覆進行調查與對話，加深理解。

4 ［思考心智模型］：思考在比結構更深的層次影響整個系統的「心智模型」（mental model）。將相關人員的價值觀、信念、看法、意識及下意識裡的前提化為文字。

5 ［思考解決方案］：思考解決 **3** 與 **4** 的策略，以及使整個系統的運作更加順利的方法。

促進思考的提示

冰山模型

　　「冰山模型」認為所有事物可見的部分都只不過是冰山一角，事實上受到其結構與心智模型莫大的影響。

　　遇到問題時，請避免反射性地直接處理，而是應該透過反覆的對話，闡明其根本原因，再擬定理解或解決問題的對策。

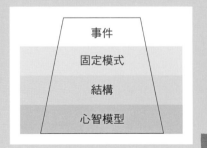

60 KJ 法

整合零碎資訊，促進思考

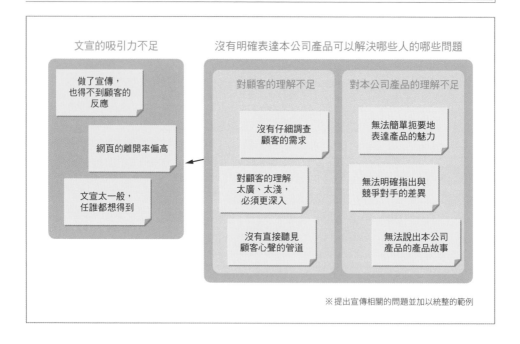

文宣的吸引力不足　　　沒有明確表達本公司產品可以解決哪些人的哪些問題

　做了宣傳，
　也得不到顧客的
　反應

　網頁的離開率偏高

　文宣太一般，
　任誰都想得到

對顧客的理解不足

　沒有仔細調查
　顧客的需求

　對顧客的理解
　太廣、太淺，
　必須更深入

　沒有直接聽見
　顧客心聲的管道

對本公司產品的理解不足

　無法簡單扼要地
　表達產品的魅力

　無法明確指出與
　競爭對手的差異

　無法說出本公司
　產品的產品故事

※提出宣傳相關的問題並加以統整的範例

基本概要

　　「KJ 法」是一種將零碎的創意或資訊加以連結、整合，掌握思考對象的整體輪廓，以激發創意的思考方式，可廣泛使用於整理課題、創意發想等各種情境。「KJ」這個名稱，源自發明人川喜田二郎（Kawakita Jiro）先生之名。

　　KJ 法的步驟是：首先將作為素材的創意或資訊寫在小卡上，加以分類。接著將各類別的關係加以圖解或文字化，釐清資訊的結構。

　　KJ 法除了個人之外，也可由多人共同進行。團隊工作中經常出現意見或解釋上的差異，而 KJ 法的重點，就是將這些差異靈活運用於思考當中。請接納彼此的想法，進行富有建設性的對話。擁有不同觀點、經驗與知識的成員若能順利對話，必定能使討論的結果更豐富。

思考方法

1 [將資訊記錄於小卡上，作為素材]：蒐集有關課題或目的的資訊，將蒐集來的資料、觀察到的內容、透過訪談得到的資訊、自己的創意、新發現等寫在小卡上。

2 [進行分類]：將內容、意思相近的小卡歸為一類，仔細推敲每張小卡的意義與彼此的相似點，思考該如何分類。假如有無法歸入任何一類的小卡，請單獨放在一旁，不用勉強歸類。

3 [替每個類別命名]：觀察分類後的小卡，思考每個類別各自代表什麼意義、想要表達些什麼，再替各類別命名。

4 [圖解各類別的關係]：探討各類別之間的關聯，利用圓或箭頭繪製出各類別的關係圖。另外，若發現可將多個類別組合成一個大類別，請重新分類為大類別。

5 [文字化]：以文字表達圖解後的內容。有時若試圖順著邏輯表達，可能會出現難以說明的狀況，這時請重新檢視圖解的內容，思考無法解釋的原因，如此一來也許會激發新的創意。**4** 和 **5** 屬於補充的步驟，在反覆透過圖解俯瞰彼此的關係、透過文字化提升精確度的過程中，可以加深理解、促進新發現。

促進思考的提示

思考異質素材的組合

KJ 法的關鍵在於分類，然而倘若受到固有知識和經驗的侷限，這個方法的魅力將會大幅減損。我們必須思考作為素材的創意或資訊有沒有不同於以往的分類方法或意義，因此重要的是探討看起來異質的素材之間有沒有相似點，而非只在同質性高的素材上尋找。

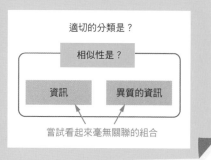

　　本章裡多次出現「假設」這個詞；在解決問題的過程中，假設的想法相當重要，因此本單元將更進一步探討利用假設的思考流程。假設思維（參照→ **48** ）是先提出假設，再藉由驗證來提升結論品質的思考方式。以推論的脈絡來說，就是不斷重複「演繹→歸納→溯因」的循環。

思考假設

　　確認每一種思維的使用目的及其定位，針對自己實際面對的問題或課題，試著在腦中建立假設。第一步是闡明思考的目的；目的可能是發現問題、分析問題、推導原因、擬定解決方案等。當然，以思考行銷策略的方向或新產品的創意，也可以作為目的。

　　針對已設定的目的，先從手邊的資訊開始蒐集。觀察累積許久的資料或眼前的狀況，獲取資訊，再依此提出假設。

　　最重要的關鍵就是將資訊整理成假設，而這時可以運用的就是溯因推理中的「解釋性假說」。透過「解釋」資料或觀察的結果，可以明確指出疑問或模糊之處，有助於假設的形成以及鎖定驗證項目。用「透過演繹完成的具體化」及「透過歸納完成的驗證」來確認假設是否正確，並進行改善。此外，演繹和歸納呈現如右頁圖中的循環（a），獲得驗證結果後，再思考品質更高的假設，使其成為更大的循環（b）。

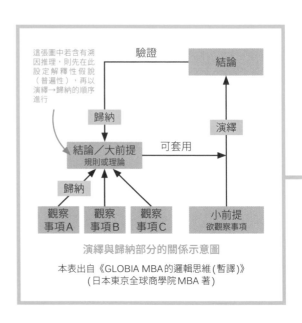

演繹與歸納部分的關係示意圖

本表出自《GLOBIA MBA的邏輯思維(暫譯)》
(日本東京全球商學院 MBA 著)

針對宣傳效果不佳的原因建立假設

以下範例為「5人制足球場經營業者在重新裝潢後廣告效果不佳」，因此反覆驗證假設，釐清問題的原因。

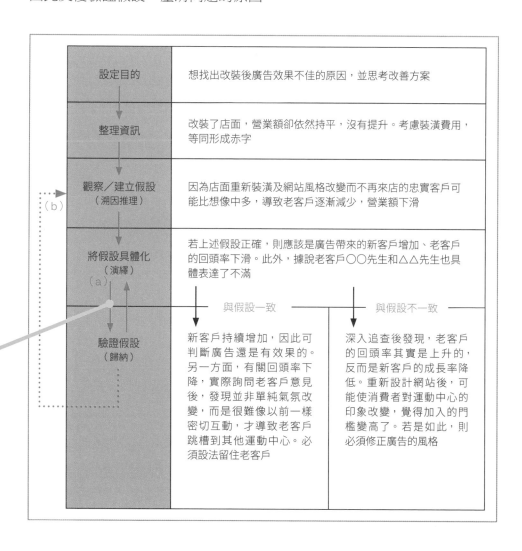

設定目的	想找出改裝後廣告效果不佳的原因，並思考改善方案
整理資訊	改裝了店面，營業額卻依然持平，沒有提升。考慮裝潢費用，等同形成赤字
觀察／建立假設 （溯因推理）	因為店面重新裝潢及網站風格改變而不再來店的忠實客戶可能比想像中多，導致老客戶逐漸減少，營業額下滑
將假設具體化 （演繹） （a）	若上述假設正確，則應該是廣告帶來的新客戶增加、老客戶的回頭率下滑。此外，據說老客戶○○先生和△△先生也具體表達了不滿
驗證假設 （歸納）	**與假設一致** 新客戶持續增加，因此可判斷廣告還是有效果的。另一方面，有關回頭率下降，實際詢問老客戶意見後，發現並非單純氣氛改變，而是很難像以前一樣密切互動，才導致老客戶跳槽到其他運動中心。必須設法留住老客戶	**與假設不一致** 深入追查後發現，老客戶的回頭率其實是上升的，反而是新客戶的成長率降低。重新設計網站後，可能使消費者對運動中心的印象改變，覺得加入的門檻變高了。若是如此，則必須修正廣告的風格

（b）

針對改善服務項目建立假設

以下範例為某針灸診所經營者想根據改變服務項目後營業額的變動，思考更理想的服務項目。

設定目的	想改善服務項目以提升營業額	
整理資訊	在原有服務項目的方案A與方案B之外，又增加了價位更高的方案C之後，方案B的業績成長，整體營業額也隨之提升	
觀察／建立假設 （溯因推理）	也許是因為以往方案B是價位最高的方案，當更貴的C方案出現，方案B便令人覺得相對便宜，因此提高了購買意願	
將假設具體化 （演繹）	若假設成立，則服務X和服務Y，應該也可以透過增加價位更高的方案，提升中價位方案的銷售量或購買率	
	與假設一致	與假設不一致
驗證假設 （歸納）	在X和Y服務中也增加價位更高的方案，於是原有方案的營業額增加了。由此可知假設正確。未來推出新服務時，也應該設置一個比最想推銷的方案價位更高的方案	在X和Y服務中也增加價位更高的方案，卻沒有太大的差異。或許銷售量成長並不是因為服務項目改變，而是因為重新設計了服務項目表，使得服務的魅力更容易傳達。必須比較新舊表格的差異

針對行銷課題建立假設

以下為某線上資料製作服務公司想找出行銷相關課題的範例。

設定目的	想找出行銷策略的問題
整理資訊	聽到有消費者反映價格太高。事實上本公司的服務的確稍高於一般行情
觀察／建立假設 （溯因推理）	與本公司剛推出服務時相比，現在多了許多競爭對手，其中也不乏主打低價的公司。可能有愈來愈多消費者比較了本公司與其他公司的服務之後，認為本公司的服務太貴
將假設具體化 （演繹）	調查競爭對手的價格策略，同時在顧客滿意度調查中詢問有關價格的問題。目前採取低價策略的競爭對手應該比較受歡迎，而問卷調查應該也會顯示本公司的顧客在價格方面滿意度較低

<table>
<tr><td rowspan="2">驗證假設
（歸納）</td><td>↓ 與假設一致</td><td>↓ 與假設不一致</td></tr>
<tr><td>調查後發現目前行情已經降低很多。即使是長期使用本公司服務的客戶，在價格方面的滿意度也很低。此外，現在採用定期定額方案的公司不斷增加，本公司也應該檢視各方案的價格</td><td>競爭對手的價格策略沒有共通點，本公司只比平均行情稍高一些。許多競爭對手致力於舉辦實體活動、經營網路媒體，因此問題可能出在本公司只透過投放廣告吸引客人。相較於價格，培養潛在客戶可能才是必須優先處理的課題</td></tr>
</table>

接著來練習驗證假設的思考方式。在前一單元中,我們著重的是演繹、歸納、溯因推理等邏輯性的面向,而本單元則會從注重數值的統計面向,來深入探討驗證假設的概念。

探討影響營業額的主因

假設我們正在舉行資料管理系統的促銷方案討論會議,會中提出新客戶太少的問題。首先,為了釐清具體的問題,我們根據手邊的資料,提出下圖中(1)、(2)、(3)等三個假設。接著根據假設,思考應該調查什麼,並實際蒐集資料,逐步驗證。

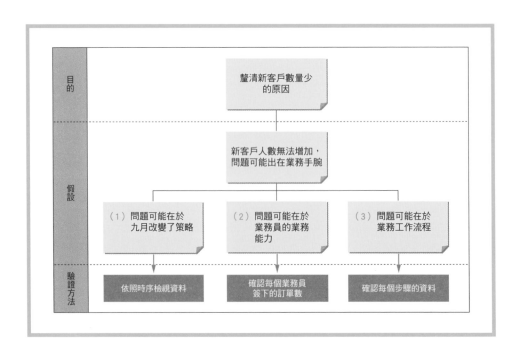

〔切入點範例（1）〕依照時序檢視資料

　　為了驗證（1）「問題可能在於九月改變了策略」這個假設的正確性，必須依照時序檢視資料。假設檢視完畢後，發現過去一年的新簽約筆數變化如右圖。

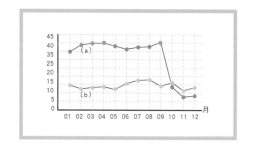

　　假如結果是曲線（a），則新簽約筆數是從 10 月開始變少，由此可推測是因為受到 9 月改變策略的影響。這時可說假設正確，再更進一步分析策略改變所帶來的變化，擬定改善方案。

　　而假如結果是曲線（b），也就是新簽約筆數幾乎持平，因此可推測並非時間的問題。換言之，問題並不在改變策略上，應該懷疑業務員的能力或流程等其他問題。

〔切入點範例（2）〕確認每個業務員的資料

　　接下來，讓我們來檢視根據假設（2）蒐集的資料。右圖中橫軸為負責業務員，縱軸為新簽約筆數；這是為了確認業務員的能力是否對業績造成影響。

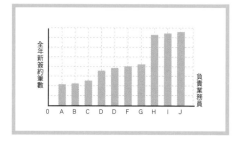

　　整理出各業務員的資料後，發現業績的確有落差，因此可以推測可能是與顧客的溝通能力不同所造成，例如話術、行銷、促銷方法等。可比較簽約筆數最多與最少的兩名業務員的推銷方法，尋找建立下一個假設的線索。

　　假如最後資料呈現平均分布，就表示並非業務員的溝通能力不佳，因此可以判斷問題可能在產品或工具等其他因素上。

〔切入點範例（3）〕確認每個步驟的資料

現在來思考假設（3）。將業務流程加以分解，利用漏斗分析，整理出業績最高與最低的員工數值資料，著眼於兩者的差異，尋找有助於改善的線索。

假設得到結果如右圖，業績好與業績差的員工在「列出清單→拜訪客戶」與「提案→

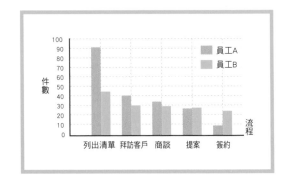

簽約」的步驟之間拉開差距。若舉辦公司內部研習，分享提案範本或觀點，或許可以提升整體成果。如此一來，便能藉由一個假設建立下一個假設。

此範例是為了方便比較而使用漏斗分析，當然也可以用一張圖呈現整體數值，再探討有問題的步驟。

補充 確認是否與體驗會的次數相關

雖然以「相關」角度切入並沒有列入假設，我們也可以一併看看。例如，為了得知服務體驗會的次數是否對新簽約筆數有所影響，可運用迴歸分析（參照→**54**）的概念。

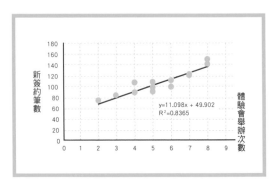

將「新簽約筆數」視為目標變數，將「體驗會舉辦次數」視為解釋變數，整理出過往的資料。只要知道兩者相關，就代表舉辦體驗會有其意義。另外，求出迴歸方程式，便能推知每舉辦一次體驗會的預期新簽約筆數，有助於策畫促銷方案。另一方面，假如兩者無相關，便能推測以目前的狀況或內容，體驗會的效果相當有限。

補充 確認顧客屬性

最後讓我們試著透過老客戶的資料，推敲適合推銷本公司服務的潛在客戶。例如，掌握哪一種業界的企業與本公司簽約數最多，就能鎖定推銷的對象。

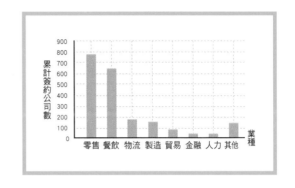

假設以業界作為橫軸、累計簽約公司數作為縱軸，製成圖表如右，便可推測零售業與餐飲業是最有潛力的客戶來源。繼續深入探討其背景，便可找出行銷策略的制定方向。

比對客戶資料與業務團隊目前接觸的企業種類，調整策略或採取其他行動。如果各業界的分布均等，則可進一步檢視企業規模或企業所在地區等資料。

謹記注意事項，靈活運用資料

運用資料的思考能力與統計的概念，是一種人人都該擁有的強力武器。不過在運用資料的時候，有些地方必須留意。本單元舉出了 5 種切入點，但除此之外，還有無數種切入點，同時也有各式各樣的資料解讀方法。因此最重要的，就是明確地設定分析目的。

此外，資料原則上是過去的事物，並不能保證未來。利用資料驗證假設時，必須隨時抱持著批判性的觀點來檢視。

正式分析相關或因果關係時，必須具備統計、資料分析的專門技術與知識。本書並未提及具體的方法論，想深入了解的讀者，請自行參考專業的統計相關書籍。

專欄 量化、質性資料與假設驗證

　　進行分析時不可不知的兩種資料類型，就是「量化資料」與「質性資料」。簡單講，兩者的區別就是「是否以數字呈現」。想靈活運用資訊或資料，請務必掌握兩者的差異。

分析量化資料以驗證假設

　　量化資料是能以數字呈現的要素，包括營業額、顧客人數、價格、市場規模、廣告費、成長率、員工數、錯誤數等在日常業務中常見的數值。量化分析特別適合以數字驗證已建立的假設是否正確。

　　例如，假如建立的假設是「將包裝從紅色改為藍色後，銷量便增加」，那麼只要比較各種包裝的銷售量資料，便能驗證假設是否正確。量化分析可以蒐集到明確以數值表示的判斷材料，但這是一種自己蒐集數值來分析的方法，並不會告訴我們應該測定什麼才正確；這時派上用場的，便是利用質性資料的質性分析了。

分析質性資料以建立假設

　　質性資料是指無法以數字呈現的意義、脈絡、現場的狀況等資料。例如，假如事實為 30 元的原子筆賣出了 1000 枝，那麼賣出 1000 枝便是量化資料；相對地，「本來就想買便宜的原子筆」、「試寫後覺得不錯，所以就買了」等賣出 1000 枝原子筆背後的原因，則屬於質性資料。

　　透過質性分析，可以掌握光看數字無法得知的原因或結果，釐清一個行為的具體流程。透過行動觀察或訪談，深入探討特定事件，建立假設。

　　事實上，兩者的目的並非像「量化分析用於驗證假設」、「質性分析用於建立假設」一般，劃分得這麼絕對。重點是，請了解資料分為量化與質性兩種，可以依照目的來選擇應該分析的資料。請善用量化與質性的概念，更有效率地進行分析。

加速思考的商業框架一覽

01 As is ／ To be

比較理想狀況（To be）與現狀（As is），思考如何彌平落差的框架。所謂的落差就是「問題」，透過合理地比較理想與現狀，提升解決問題的品質。

As is（現狀）	To be（理想狀況）

02 6W2H

網羅拓展思考所需的各種基本問題的框架。利用「由誰」、「對誰」、「做什麼」、「如何做」、「為什麼」、「在什麼時候」、「在哪裡」、「以多少費用」等 8 個疑問詞，從各個面向探討問題與課題。

誰	對誰	做什麼
如何	對象	為什麼
什麼時候	在哪裡	多少費用

03 可控制／不可控制

將「透過努力就能解決的問題」與「自己無力改變的問題」分開思考的框架。與其聚焦於牽扯大環境因素的問題，更應該優先思考自己能改變的問題，以利加速解決問題。

可控制	不可控制

04 邏輯樹狀圖

將事物拆解後再進行思考，全面性地整理「整體」與「局部」的框架。包括釐清問題所在的「What 樹」、「Where 樹」、用於分解原因的「Why 樹」，以及尋找解決方案的「How 樹」等，可依目的靈活運用。

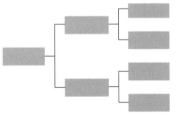

05 急迫性／重要性矩陣

透過「急迫性」與「重要性」這兩種評估標準來整理、討論、決定事物優先順序的框架。可將整體概念視覺化，除了課題的優先順序之外，也有助釐清該對什麼項目撥出多少資源。

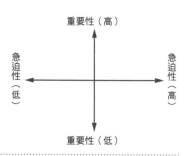

06 決策矩陣

在決定課題或創意時，評選多個選項，以進行決策的框架之一。特色是可依照目的，根據「急迫性」、「可行性」、「利益性」、「未來性」等項目，以量化方式來評估各個選項。

選項	項目1	項目2	項目3	合計
A				
B				
C				

07 PEST 分析

用於思考影響自身事業的「大環境因素」的框架。透過分析與「政治」、「經濟」、「社會」、「科技」等 4 個因素相關的變數，描繪未來的藍圖，作為構思策略、設計戰術時的參考。

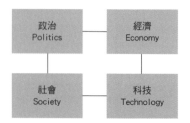

08 五力分析

從「買方的交涉能力」、「賣方的交涉能力」、「業界競爭狀況」、「新業者帶來的威脅」、「替代品帶來的威脅」等 5 種因素切入，理解業界競爭結構的框架。可運用於掌握自身事業的競爭環境、分析即將投入的市場。

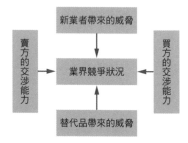

09 SWOT 分析

分析自身公司所處的環境，進而掌握公司優勢與弱點的框架。以「好影響　壞影響」、「內部環境　外部環境」為 2 軸，針對「優勢」（Strength）、「弱點」（Weakness）、「機會」（Opportunities）、「威脅」（Threats）進行分析。

	好影響	壞影響
內部環境	優勢（S）	弱點（W）
外部環境	機會（O）	威脅（T）

10 帕雷托分析

由少數人（因素）影響整體大部分的現象，稱為「帕雷托法則」（Pareto principle），例如客戶與營業額的關係、業務員與簽約金額的關係等。本框架利用這個概念鎖定對自己最有貢獻的因素，思考資源應如何分配。

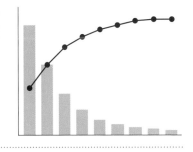

11 同理心地圖

有助理解顧客所處的狀況與心情的分析方法。透過觀察顧客在現場的所見所聞、思考、感受以及期待、痛苦等，掌握顧客的心情。

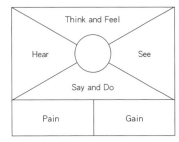

12 4P 分析

利用「產品」、「價格」、「通路」、「促銷」等四個因素思考行銷策略的框架。用於討論產品應如何投入目標市場、設計溝通策略。

13 價值鏈分析

將企業提供給客戶的價值連鎖視覺化的框架。將活動分為直接對客戶提供價值的「主要活動」以及支援主要活動的「支援活動」，進行分析與改善。

整體管理					
人事管理					
技術研發					
採購					利潤
進貨物流	製造	出貨物流	行銷販售	服務	

14 曼陀羅九宮格

將主題寫在九宮格的中央，再把從主題聯想到的創意或關鍵字寫在周圍格子裡，以放射狀方式創意發想的框架。除了創意發想，也可應用於設定目標。

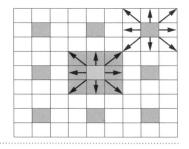

15 型態分析法

分析組成主題的變數，將各變數的要素加以發散再重組，以促進創意發想的方法。在研發產品等需要發揮創意的時候，有助於全面性地尋找創意的切入點。

	變數	變數	變數
要素			
要素			
要素			

16 腳本圖

將「誰」、「何時」、「在哪裡」、「做什麼」等四個要素加以排列組合，思考故事，以激發創意的框架。列出豐富的要素，思考新的組合，以突破思考的侷限。

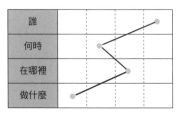

誰	
何時	
在哪裡	
做什麼	

17 奧斯本檢核表

整合了可運用於發揮創意的九個問題的框架。利用「其他用途」、「應用」、「改變」、「擴大」、「縮小」、「取代」、「重整」、「顛倒」、「結合」等切入點來修正既有的構想，適合與本書介紹的水平思維互相搭配使用。

主題		
其他用途	應用	改變
擴大	縮小	取代
重整	顛倒	結合

18 優缺點表

整理、比較針對某個需要做決策的主題之贊成意見（Pros）與反對意見（Cons），以提高決策精確度的框架。透過客觀地檢視正反兩方的觀點，做出不受主觀意識或當場氛圍影響的判斷。

贊成意見	反對意見

19 SUCCESs

用六個切入點，將能獲得他人理解、引起共鳴的創意所具備之共通點加以整合的框架。透過「單純」、「出乎意料」、「具體」、「可信賴」、「感性」、「故事性」等 6 個項目來評價與改善創意。亦可用於設計簡報內容。

單純 Simple	出乎意料 Unexpected
具體 Concrete	可信賴 Credible
感性 Emotional	故事性 Story

20 報酬矩陣

以「成效」與「可行性」這兩個變數來定位創意，是一款能有效率地挑選創意的框架。透過俯瞰整體，除了可以整理創意外，也很適合在有所缺漏的領域中激發創意。

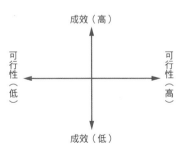

21 產品組合矩陣

使用以「市場成長率」與「相對市占率」為兩軸所構成的矩陣，分析自身公司經營的事業、構思策略的框架。明確區分獲益事業與投資事業，確認將資源投資在什麼地方最有效率。

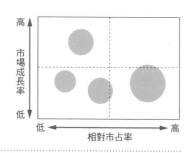

22 安索夫矩陣

將「市場」（客戶）與「產品」分別填入以「既有」與「新創」為兩軸的象限中，思考各象限中事業發展策略的框架。策略的方向主要有「市場滲透」、「開發新產品」、「開發新市場」、「多角化」等4四種。

		產品	
		既有產品	新產品
市場	既有市場	市場滲透	開發新產品
	新市場	開發新市場	多角化

23 交叉 SWOT

以透過SWOT分析得到的「優勢」（S）、「弱點」（W）、「機會」（O）、「威脅」（T）為軸，思考新策略的框架。針對活用自身優勢的方法與克服弱點的方法，分別以「機會」╳「威脅」相乘來思考。

	優勢	弱點
機會	策略1	策略3
威脅	策略2	策略4

24 AIDMA

將消費者的購買過程視覺化的框架。把消費者從注意到產品・服務到購買之間的過程，分為「注意」、「興趣」、「欲望」、「記憶」、「購買」（行動）等5個階段，設計每個階段與顧客的溝通策略。

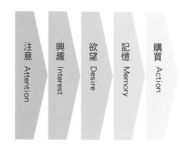

25 路線圖

可呈現出在達到目標之前必須經過哪些步驟的預定表。製作路線圖後，可透過長期的視角明確制定事業發展計畫，並與他人分享。

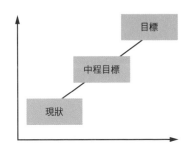

26 KPI 樹狀圖

以 KGI（Key Goal Indicator：關鍵目標指標）為頂點，將目標分解為 KPI（Key Performance Indicator：是關鍵績效指標）的樹狀圖。透過視覺化，掌握在執行業務時應該根據哪些指標進行評估‧改善。

27 AARRR

把從獲得客戶到獲利之間的過程分為 5 個階段，設定適合各階段的 KPI，並驗證假設的框架。具體而言，包括「獲得」、「活化」、持續」、「介紹」、「獲利」等五個階段。

28 SMART

將提高目標設定品質所需的觀點加以統整的框架。使用「具體」、「可測」、「可實現」、「結果導向」、「具有時效性」等五個因素來檢視，提高目標的精確度。

Specific	具體
Measurable	可測
Achievable	可實現
Result-based	結果導向
Time-bound	具有時效性

29　任務・願景・價值

定義組織存在的「任務」（MISSION）、「願景」（VISION），及其所重視之「價值」（VALUE）的框架。用於統一組織或個人前進的方向。

任務
（存在的意義）

願景
（期待的樣貌）

價值
（價值觀／行動方針）

30　Will ／ Can ／ Must

找出「想做的事」（Will）、「能做的事」（Can）與「必須做的事」（Must）等三個要素重疊的部分，鎖定最能拿出熱情執行的業務或活動領域的框架。

Will

Can

Must

31　周哈里窗

透過自我表露與他人的回饋，促進自我理解、理解他人、相互理解的方法。深入挖掘自己和夥伴都不知道的自我，擴大認知，以期溝通更順暢。

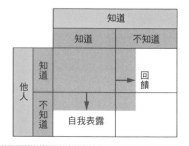

32　認知／行動循環

將認知與行動視為互相影響的循環，並將雙方在認知上的落差視覺化，以加深互相理解的框架。透過理解「彼此之間的認知是肉眼看不見，且具有落差的」，促進彼此的關係。

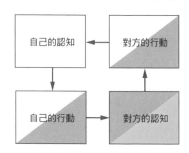

自己的認知 ← 對方的行動

自己的行動 → 對方的認知

33　PM 理論

以「創造工作績效的能力」（Performance function）與「維持團隊和諧的能力」（Maintenance function）兩種能力作為評分指標，思考領導能力的框架。可應用於設計成員培育方針及編組團隊。

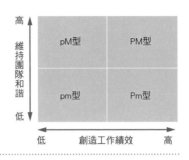

34　雙因素理論

將影響工作滿意度的因素分為「因為不被滿足而使得動機降低」的「保健因素」，以及「因為被滿足而使得動機提升」的「動機因素」的理論。分別針對各因素進行分析，思考對策。

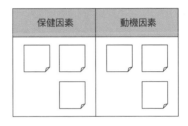

35　Will ／ Skill 矩陣

配合個人的意願（Will）與能力（Skill），來思考應採取的態度及培育方針的框架。根據意願與能力的高低，可採取「委任」、「指導」、「刺激」、「命令」等 4 種態度。

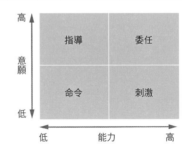

加速思考的商業框架一覽

參考文獻・網站

● 第 1 章

- 《考える技術・書く技術──問題解決力を伸ばすピラミッド原則》（Barbara Minto 著／ GLOBIS Management Institute 審訂／山崎康司譯／ DIAMOND 社／ 1999 年）
- 《Logical Thinking》（照屋華子、岡田惠子著／東洋経済新報社／ 2001 年）
- 《改訂 3 版　GLOBIS MBA Logical Thinking》（GLOBIS University MBA 著／ DIAMOND 社／ 2012 年）
- 《Abduction　仮説と発見の論理》（米盛裕二著／勁草書房／ 2007 年）
- 《メタ思考トレーニング　発想力が飛躍的にアップする 34 問》（細谷功著／ PHP 研究所／ 2016 年）
- 《メタ認知で＜学ぶ力＞を高める　認知心理学が解き明かす効果的学習法》（三宮真智子著／北大路書房／ 2018 年）
- 《イシューからはじめよ　知的生産の「シンプルな本質」》（安宅和人著／英治出版／ 2010 年）
- 《ディベート道場──思考と対話の稽古》（田村洋一著／ Evolving ／ 2017 年）

● 第 2 章

- 《仕事も人生のうまくいく！【図解】9 マス思考　Mandalachart》（松村剛志著／青春出版社／ 2018 年）
- 《アナロジー思考》（細谷功著／東洋経済新報社／ 2011 年）
- 《水平思考の世界　固定観念がはずれる創造的思考法》（Edward de Bono 著／藤島みさ子譯／ KIKOSHOBO ／ 2015 年）
- 《コトラーのマーケティング思考法》（Philip Kotler、Fernando Trias de Bes 著／東洋経済新報社／ 2004 年）
- 《素人のように考え、玄人として実行する──問題解決のメタ技術》（金出武雄著／ PHP 研究所／ 2004 年）
- 《複雑な問題が一瞬でシンプルになる　2 軸思考》（木部智之著／ KADOKAWA ／ 2009 年）
- 《頭がよくなる　「図解思考」の技術》（永田豊志著／ KADOKAWA ／ 2014 年）
- 《アイデアのつくり方》（James W Young 著／今井茂雄譯／ CCC Media House ／ 1988 年）
- 《アイデア・バイブル》（Michael Michalko 著／齊藤勇監譯／小澤奈美惠、塩谷幸子譯／ DIAMOND 社／ 2012 年）
- 《使える弁証法》（田坂廣志著／東洋経済新報社／ 2005 年）

● 第 3 章

- 《デザイン思考が世界を変える──イノベーションを導く新しい考え方》（Tim Brown 著／千葉敏生譯／早川書房／ 2014 年）
- 《21 世紀のビジネスにデザイン思考が必要な理由》（佐宗邦威著／ CrossMedia Publishing ／ 2015 年）
- 《Business Model Generation　Business Model 設計書》（Alexander Osterwalder、Yves Pigneur 著／小山龍介譯／翔泳社／ 2012 年）
- 《コトラーのマーケティング・コンセプト》（Philip Kotler 著／恩藏直人監譯／大川修二譯／東洋経済新報社／ 2003 年）
- 《ビジネス意思決定──理論とケースで決断力を鍛える》（大林厚臣著／ DIAMOND 社／ 2014 年）
- 《ロジカルシンキングのノウハウ・ドゥハウ》（HR Institute 著／野口吉昭編／ PHP 研究所／ 2001 年）
- 《ロードマップのノウハウ・ドゥハウ》（HR Institute 著／野口吉昭編／ PHP 研究所／ 2004 年）
- 《コンセプチュアル思考》（好川哲人著／日本経済新聞出版社／ 2017 年）
- 《[新版] ブルー・オーシャン戦略　競争のない世界を創造する》（W. Chan Kim、Renée Mauborgne 著／入山章榮監譯／有賀裕子譯／ DIAMOND 社／ 2015 年）
- 《企業戦略論》（H. I. Ansoff 著／廣田壽亮譯／産業能率短期大學出版部／ 1969 年）
- 《[新訂] 競争の戦略》（M. E. Porter ／土岐坤、中辻萬治、服部照夫譯／ DIAMOND 社／ 1995 年）

● 第 4 章

- 《トヨタ生産方式──脱規模の経営をめざして》（大野耐一著／ DIAMOND 社／ 1978 年）
- 《全面改訂版　はじめての GTD　ストレスフリーの整理術》（David Allen 著／田口元監譯／二見書房／ 2015 年）
- 《最強の経験学習》（David Kolb、Kay Peterson 著／中野真由美譯／辰巳出版／ 2018 年）
- 《Harvard Business Review　2010 年 2 月號》（DIAMOND 社／ 2010 年）
- 《内観療法入門　日本的自己探求の世界》（三木善彦著／創元社／ 2019 年）
- 《どんなことがあっても自分をみじめにしないためには──論理療法のすすめ》（Albert Ellis 著／國分康孝、石隈利紀、國分久子譯／川島書店／ 1996 年）

● 第 5 章

- 《仮説思考》（内田和成著／東洋經濟新報社／ 2006 年）
- 《論点思考》（内田和成著／東洋經濟新報社／ 2010 年）
- 《The Goal　企業の究極の目的とは何か》（Eliyahu Goldratt 著／三本木亮譯／ DIAMOND 社／ 2001 年）
- 《改訂 3 版　GLOBIS MBA Logical Thinking》（GLOBIS University MBA 著／ DIAMOND 社／ 2012 年）
- 《「それ、根拠あるの？」と言わせない　データ・統計分析ができる本》（柏木吉基著／日本實業出版社／ 2013 年）
- 《発想法　創造性開発のために　改版》（川喜田二郎著／中央公論新社／ 2017 年）
- 《世界はシステムで動く──いま起きていることの本質をつかむ考え方》（Donella H. Meadows 著／枝廣淳子譯／英治出版／ 2015 年）
- 《実践システム・シンキング　論理思考を超える問題解決のスキル》（湊宣明著／講談社／ 2016 年）
- 《学習する組織──システム思考で未来を創造する》（Peter M. Senge 著／枝廣淳子、小田理一郎、中小路佳代子譯／英治出版／ 2011 年）
- 《具体と抽象──世界が変わって見える知性のしくみ》（細谷功著／ dZERO ／ 2014 年）

● 全書

- 《入社 10 年分の思考スキルが 3 時間で学べる》（齋藤廣達著／日經 BP 社／ 2014 年）
- 《ビジネス思考法使いこなしブック》（吉澤準特著／日本能率協會 Management Center ／ 2012 年）
- 《グロービス MBA キーワード 図解 基本ビジネス思考法 45》（GLOBIS 著／ DIAMOND 社／ 2017 年）
- MBA 用語集　https://mba.globis.ac.jp/about_mba/glossary/detail-11955.html（GLOBIS University MBA）

翻轉學　翻轉學系列 026

把問題化繁為簡的思考架構圖鑑

五大類思考力╳60 款工具，提升思辨、創意、商業、企畫、分析力，
讓解決問題效率事半功倍
思考法図鑑 ひらめきを生む問題解決・アイデア発想のアプローチ 60

作　　者	AND 股份有限公司
譯　　者	周若珍
總 編 輯	何玉美
主　　編	林俊安
責任編輯	鄒人郁
封面設計	張天薪
內文排版	唯翔工作室

出版發行	采實文化事業股份有限公司
行銷企畫	陳佩宜・黃于庭・馮羿勳・蔡雨庭・王意琇
業務發行	張世明・林踏欣・林坤蓉・王貞玉、張惠屏
國際版權	王俐雯・林冠妤
印務採購	曾玉霞
會計行政	王雅蕙・李韶婉
法律顧問	第一國際法律事務所　余淑杏律師
電子信箱	acme@acmebook.com.tw
采實官網	www.acmebook.com.tw
采實臉書	www.facebook.com/acmebook01

I S B N	978-986-507-088-5
定　　價	460 元
初版一刷	2020 年 3 月
劃撥帳號	50148859
劃撥戶名	采實文化事業股份有限公司
	10457 台北市中山區南京東路二段 95 號 9 樓
	電話：（02）2511-9798　　傳真：（02）2571-3298

國家圖書館出版品預行編目資料

把問題化繁為簡的思考架構圖鑑：五大類思考力 ╳ 60 款工具，提升思辨、創意、商業、企畫、
分析力，讓解決問題效率事半功倍 / AND 股份有限公司著；周若珍譯 – 初版 – 台北市：采實文化，
2020.03
208 面；17×21.5 公分 . -- （翻轉學系列；26）
譯自：思考法図鑑 ひらめきを生む問題解決・アイデア発想のアプローチ 60

ISBN 978-986-507-088-5 (平裝)
1. 職場成功法 2. 思考

494.35　　　　　　　　　　　　　　　　　　　　　　　109000090

《把問題化繁為簡的思考架構練習本》 使用方法

本手冊收錄 46 款把問題化繁為簡的思考架構，可以提供你遇到狀況時，一邊思考，一邊手寫填入。可以搭配《把問題化繁為簡的思考架構圖鑑》一書使用，將應用場景分類如下，不過各架構的使用方法並非只有一種，請配合自己的狀況加以靈活運用。

訓練邏輯的基礎架構

發想創意的思考架構

提升商業眼光的思考架構

增進企畫力的思考架構

提高分析力的思考架構

邏輯性思維　明確找出結論與根據的關聯性

※ 邏輯有各種結構，請自由填入

批判性思維 透過懷疑邏輯的正確性，來提高思維的準確度

質疑	
整理自己的想法	

把問題化繁為簡的思考架構練習本【訓練邏輯的基礎架構】

溯因推理法 根據事實建立假設

溯因推理	令人訝異的事實： 解釋性假說：

演繹	

歸納	

要素分解法　將構成事物的因素拆開來思考

思考用素材

填入要素用的長方形　連結要素用的直線、折線　表示要素之間關係的符號

＋　－　×

MECE 分析法（概念圖）　確認沒有遺漏或重複的思考

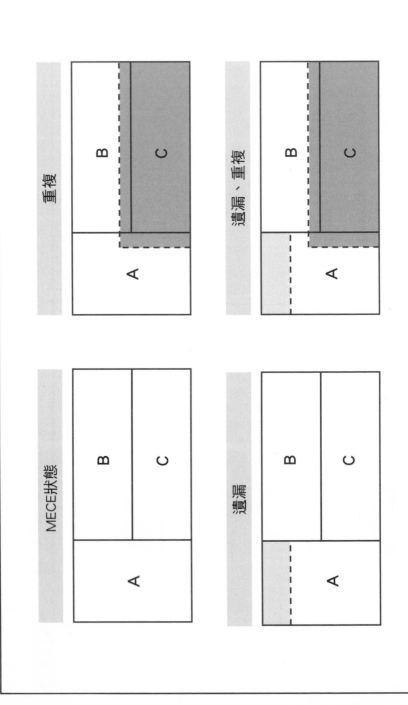

PAC 思維 質疑前提與假定，提高思維的精準度

主張

Premise 前提

Assumption 假定

Conclusion 結論

後設思維　用一個以上的觀點來掌握事物，提升思考的品質

後設層次	

對象層次	

辯論思維 透過思考正反方的論點，提升邏輯理解能力

議題	

贊成意見①	反對意見①	贊成意見②	反對意見②

把問題化繁為簡的思考架構練習本【發想創意的思考架構】

腦力激盪法 透過自由發想的過程，提升思考的廣度

課題				

類推思維　從相近的事物中找出特徵並加以應用

基礎領域

目標領域

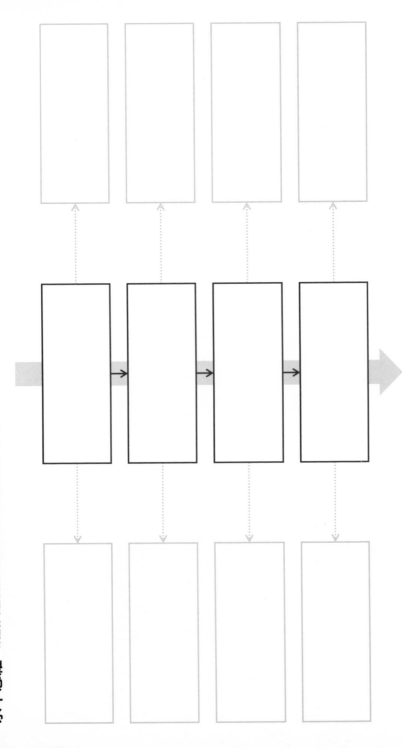

把問題化繁為簡的思考架構練習本【發想創意的思考架構】

水平思維　跳脫具連續性的邏輯，思考新創意的切入點

IF 思維　假設前提或提或條件，增加創意的廣度

主題	設定IF	重點	構想

白紙思維　以外行人或初學者的角度來思考事物

	確認	備註
是否單純？		
是否直接？		
是否自由？		
是否簡單？		

trade-on 思維

思考能獲得兩種相反要素的方法

要素X

要素Y

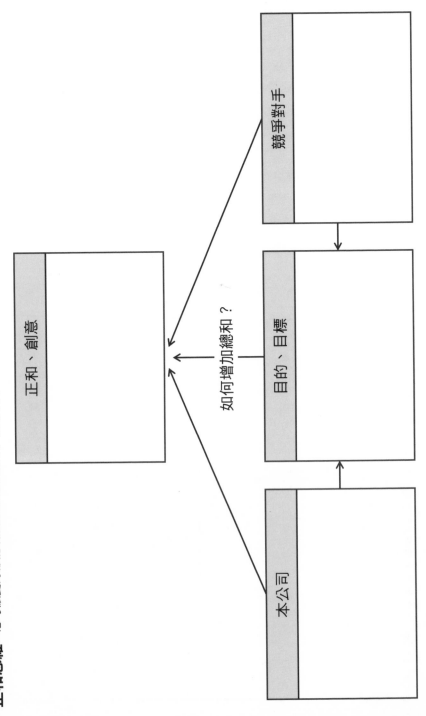

把問題化繁為簡的思考架構練習本【發想創意的思考架構】

正和思維　思考讓雙方都能增加總和而非彼此爭奪的方法

正和、創意

競爭對手

如何增加總和？

目的、目標

本公司

故事思維　掌握事物變化的連續性，將思考具體化

①		②	
③		④	

把問題化繁為簡的思考架構練習本【發想創意的思考架構】

二軸思維　利用兩個變數俯瞰全局

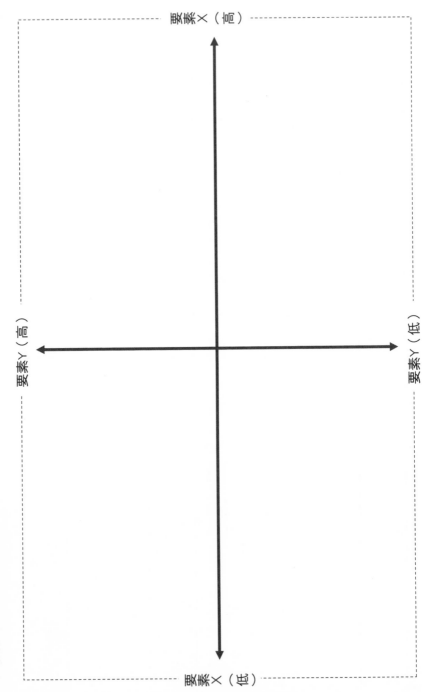

要素X（高）

要素Y（高）

要素Y（低）

要素X（低）

圖解思維　用圖來思考事物的關聯性

思考用素材

```
┌─────────┐       ┌─────────┐
│         │ 關係  │         │
│   要素  │ ◄──── │   要素  │
│         │ ────► │         │
│         │ 關係  │         │
└─────────┘       └─────────┘
```

價值提供思維 思考能提供什麼樣的價值

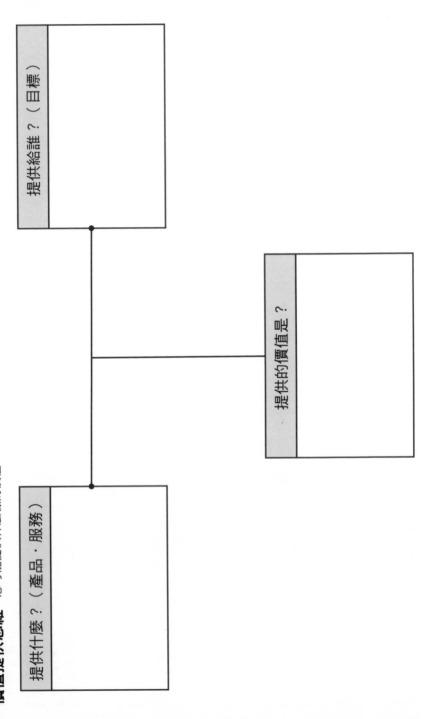

種子思維　以手中握有的資源跟強項為出發點，思考其能創造的價值

種子	能滿足的需求	創意

商業模式思維（商業模式圖） 思考能持續提供價值的架構

KP 關鍵合作夥伴	KA 關鍵活動	VP 價值主張	CR 客戶關係	CS 目標客群
	KR 關鍵資源		CH 通路	
C$ 成本結構			R$ 收益流	

The Business Model Canvas
© Strategyzer (https://strategyzer.com)
Designed by Strategyzer AG

行銷思維　創造正確的價值並準確傳遞

※定位部分（市場區隔與目標選擇請視狀況自行設定）

策略性思維　以宏觀角度思考達成目標的方法

策略目標	顧客認同的差異性	低成本
整體業界		
特定客群		

策略優勢

機率思維　以成功的機率為判斷基準進行思考

思考用素材

■：決策分叉點
　進行決策。分岐代表選項

●：機會分叉點
　可釐清某些資訊。分岐代表狀況

逆推思維　將未來的目標當作起點，思考現在

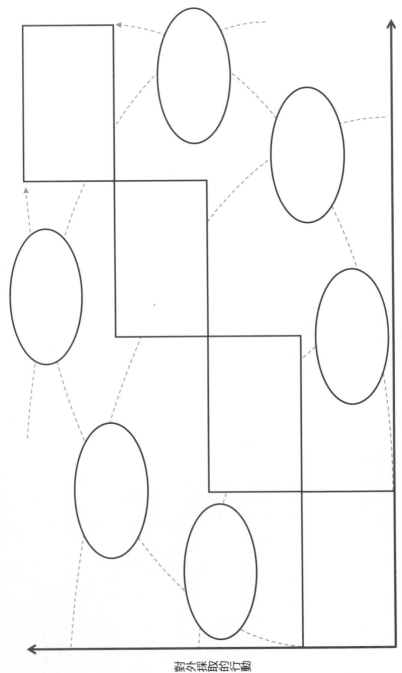

對外採取的行動

內部資源的整合

選項思維　客觀地思考多個選項

	選項 1	選項 2	選項 3
產品			
價格			
通路			
促銷			

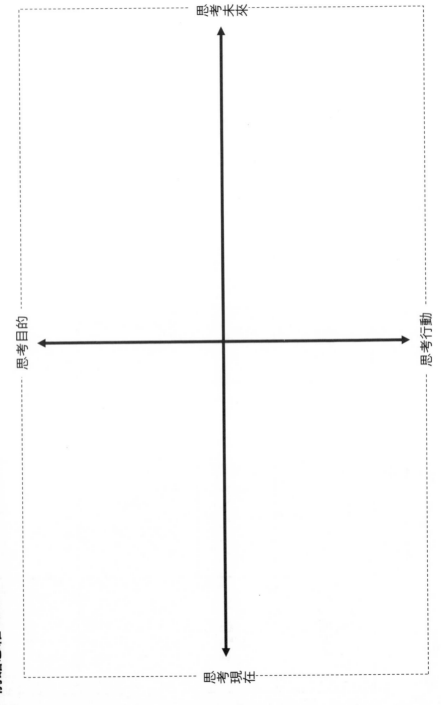

28

把問題化繁為簡的思考架構練習本【提升商業眼光的思考架構】

前瞻思維 描繪未來展望，統一組織的方向

思考未來

思考目的

思考行動

思考現在

概念性思維　透過重新定義，看清事物的本質

客觀、一般

抽象、意義 ← → 具體、事實

主觀、個別

Why 思維（確認目的）　思考目的與手段的整合性

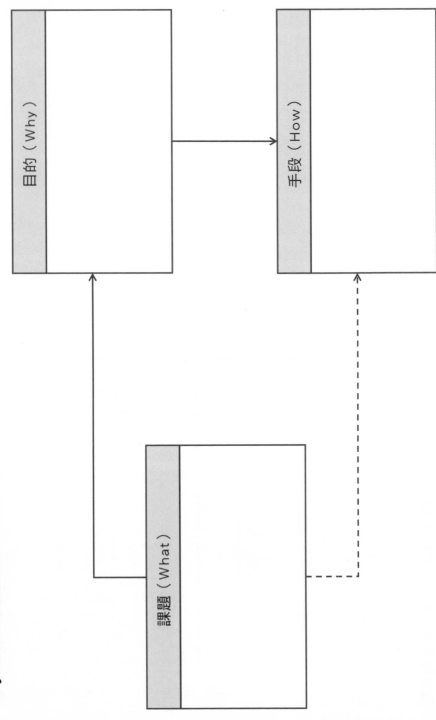

目的（Why）

手段（How）

課題（What）

改善思維 不斷改善策略以提高產能

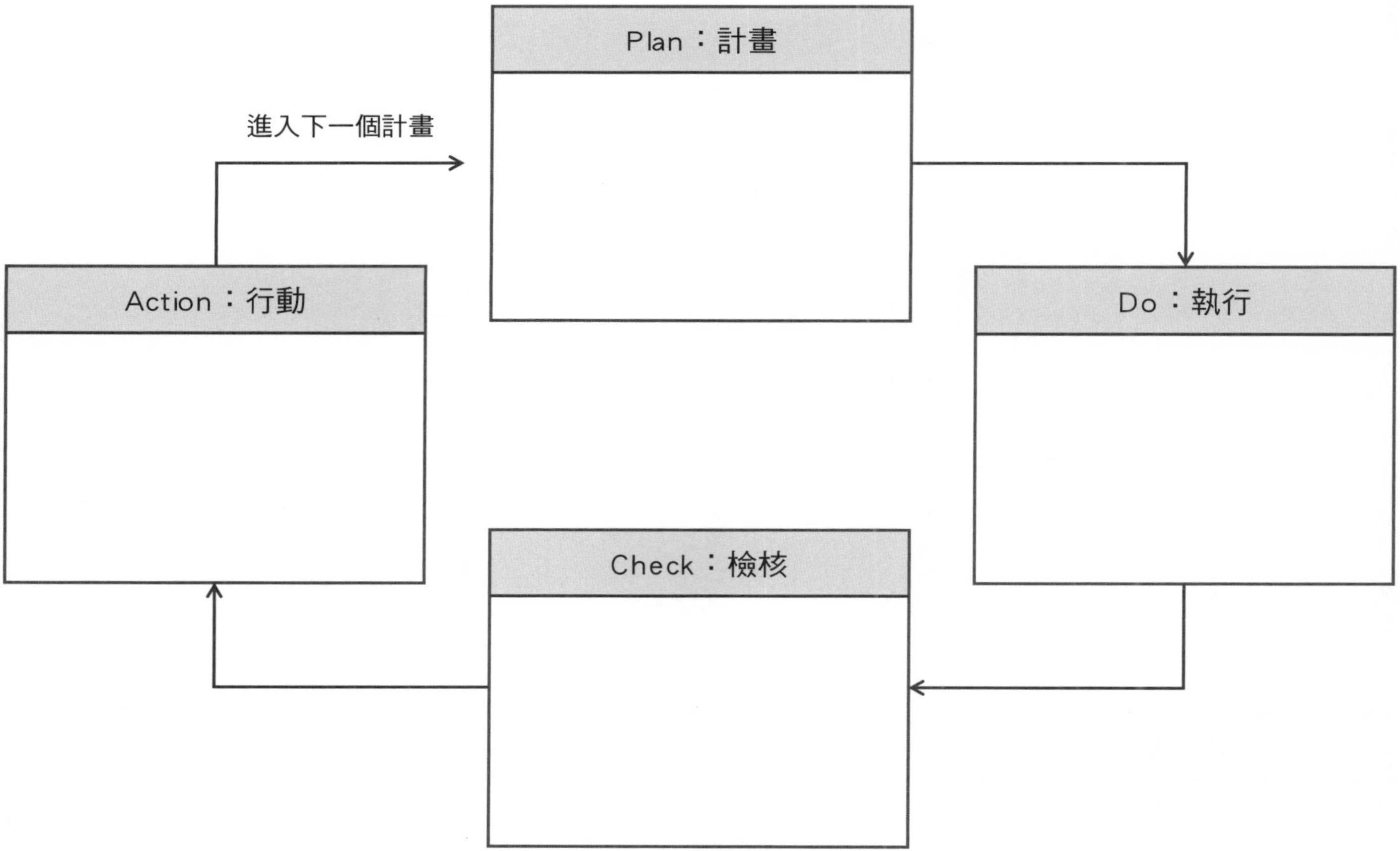

Plan：計畫

Do：執行

Check：檢核

Action：行動

進入下一個計畫

把問題化繁為簡的思考架構練習本【增進企畫力的思考架構】

雙環學習　反思「想法」，提升思考品質

反思變數	反思行動策略	得到的結果

流程思維 不但重視結果，也重視過程

流程	具體行動內容			

跨界思維　跨領域思考事物的關聯

觀光事業部	餐飲事業部	教育事業部

GTD **理論** 將應做的事分門別類，讓思路路變得清晰　※下圖為GTD的流程。請準備收件匣或清單、資料夾等，實際執行

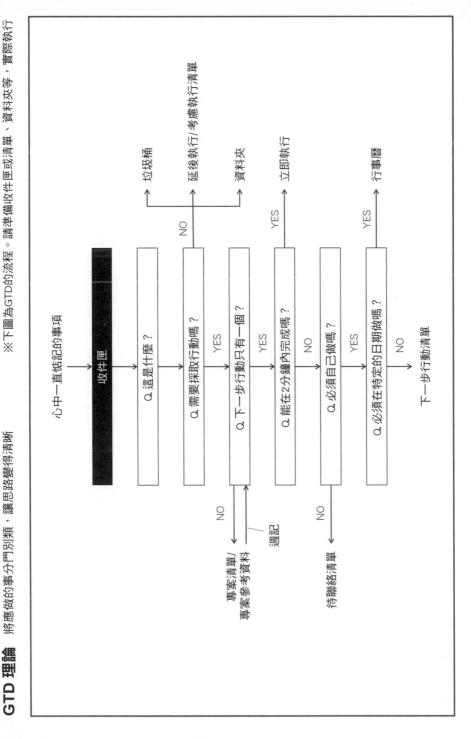

ABC 理論 鎖定「必須……」的想法，整理思維和行動

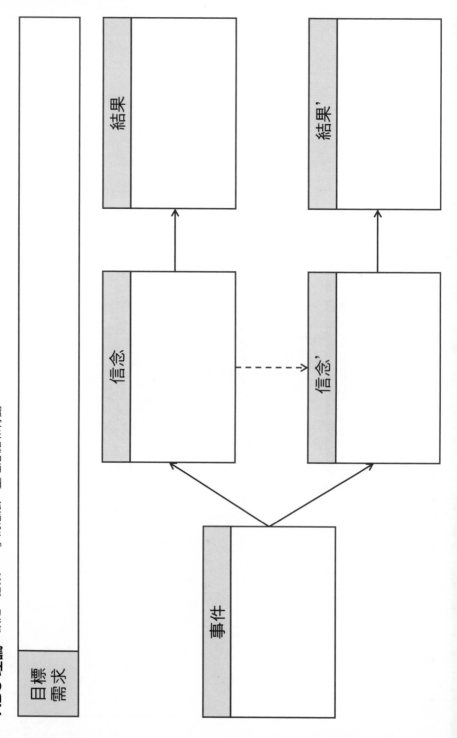

目標
需求

事件

信念

信念'

結果

結果'

抽象化思維 將個別的事物當作一個集合來思考

抽象 ←――――――――――――――――――――――→ 具體

假設思維　反覆驗證假設，提高結論的品質

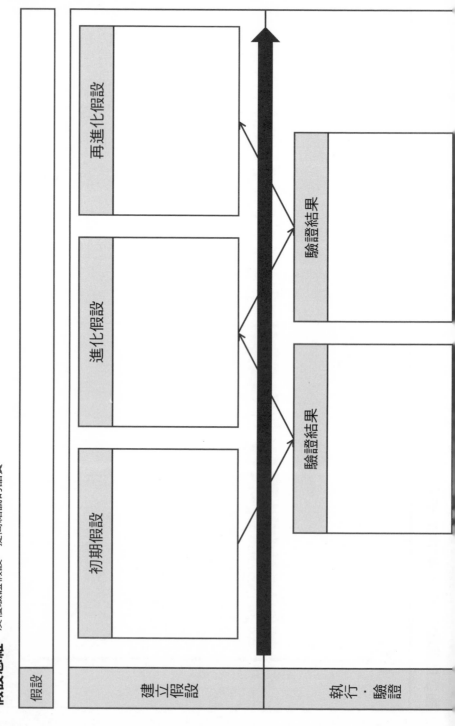

| 假設 |

建立假設

執行・驗證

初期假設　進化假設　再進化假設

驗證結果　驗證結果

核心問題思維　思考正確的問題（核心問題）

大核心問題	中核心問題	小核心問題

框架思維 靈活運用思考的「格式」，有效率地思考

	本公司	競爭對手A	競爭對手B	競爭對手C
產品 Product				
價格 Price				
通路 Place				
促銷 Promotion				

瓶頸分析 找出讓整個系統停滯不前的重點

步驟					
處理能力 （件／小時）					
負責人					

漏斗分析　將步驟之間的轉換率視覺化，思考改善方案

步驟	指標	結果	比例	目標值
網站 （注意）				
確認資訊 （調查）				
購物車 （比較）				
購買 （行動）				

Why 思維（原因分析）　透過思考「為什麼？」深入探究問題的原因

因果關係分析（確認預設的因果關係是否有誤） 思考原因與結果的關係

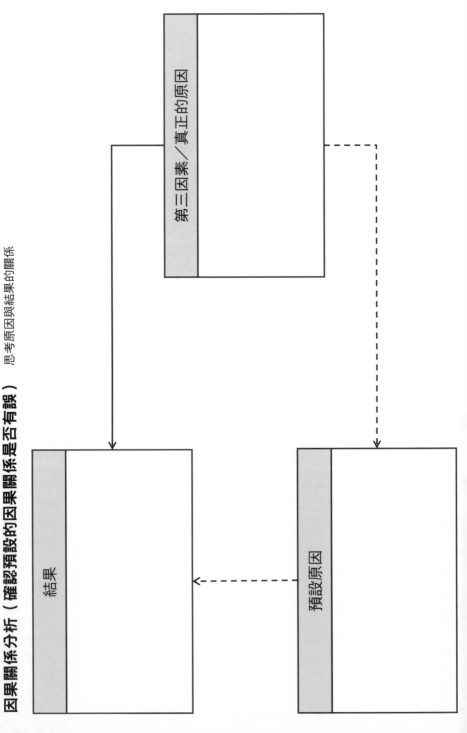

思考用素材

變數

$\longrightarrow$ +

－

R

B

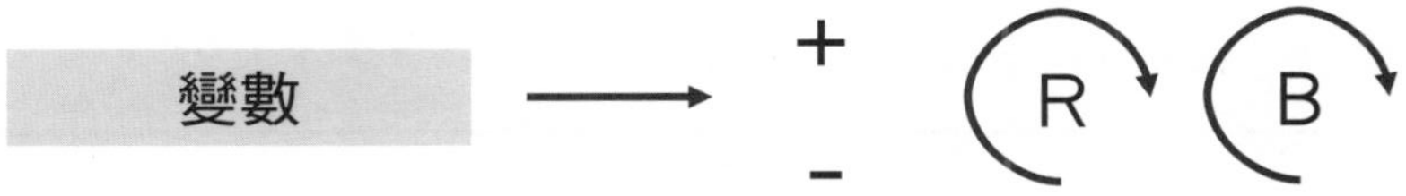

把問題化繁為簡的思考架構練習本【提高分析力的思考架構】

系統思維 釐清各要素間複雜的關係，將問題視為一個系統

變數

思考用素材

KJ法 整合零碎資訊，促進思考

思考用素材

資訊、點子

小卡

分類

獨享附錄

本書所有的架構，皆提供 PowerPoint 範本。除了可以直接在個人電腦或平板電腦上使用，也可以印出來，一邊思考或與他人討論、一邊寫填入。請至下列網址下載：

https://reurl.cc/M7pnWp

《把問題化繁為簡的思考架構圖鑑》
PowerPoint 空白表格下載 QRcode

翻轉學

翻轉學